宽阔水研究 ④

贵州宽阔水鸟类

主　编
◎
吴忠荣　兰洪波　李光容

中国林业出版社
China Forestry Publishing House

图书在版编目（CIP）数据

贵州宽阔水鸟类 / 吴忠荣，兰洪波，李光容主编. --
北京：中国林业出版社，2025.3. -- ISBN 978-7-5219-
2747-4

Ⅰ. Q959.708

中国国家版本馆CIP数据核字第2024H4D298号

责任编辑　于界芬　张健

出版发行　中国林业出版社
　　　　　（100009，北京市西城区刘海胡同7号，电话010-83143542）
电子邮箱　cfphzbs@163.com
网　　址　https://www.cfph.net
印　　刷　北京博海升彩色印刷有限公司
版　　次　2025年3月第1版
印　　次　2025年3月第1次印刷
开　　本　889mm×1194mm　1/16
印　　张　21.5
字　　数　445千字
定　　价　268.00元

贵州宽阔水鸟类
编委会

组织单位　贵州宽阔水国家级自然保护区管理局

主　　编　吴忠荣　兰洪波　李光容

副 主 编　匡中帆　姚小刚　杨昌乾　高明浪　余登利　孙付萍

编　　委（按姓氏笔画排序）

　　　　　　王文芳　文院义　田晓光　兰洪波　匡中帆　刘　云
　　　　　　刘咏昕　孙付萍　李　毅　李光容　李继祥　杨　雪
　　　　　　杨昌乾　肖　息　吴忠荣　余登利　张冬山　张海波
　　　　　　陆　坤　周婷宇　赵理源　姚小刚　夏立兰　高明浪

摄　　影（按姓氏笔画排序）

　　　　　　王　进　王大勇　王天冶　韦　铭　田穗兴　匡中帆
　　　　　　吕敬才　刘越强　李　毅　李利伟　吴忠荣　沈惠明
　　　　　　张　明　张卫民　张海波　陈东升　孟宪伟　郭　轩
　　　　　　唐承贵　黄吉红　阎水健　董　磊　董文晓　程　立

支持单位　贵州省生物研究所
　　　　　　贵州省鸟类学会
　　　　　　梵净山森林生态系统贵州省野外科学观测研究站

前　言

黔北群山巍峨，苍翠绵延。在贵州大娄山脉东麓的莽莽林海中，有一片被誉为"喀斯特绿洲"的生态秘境——贵州宽阔水国家级自然保护区。这里不仅是乌江流域重要的生态屏障，更是一座承载着生命奇迹的自然博物馆。当您翻开这本《贵州宽阔水鸟类》，便如同开启了一扇通往生物多样性宝库的窗口，带您领略这片土地上跃动的生命诗篇。

自1989年始建县级保护区至今，30余载的精心守护，让宽阔水国家级自然保护区这片海拔650~1762m的立体生态空间，逐步发展成为我国亚热带中山常绿落叶阔叶混交林的典型代表地。26231hm² 的绿色版图上，亮叶水青冈林舒展着千年风骨，黑叶猴在林冠间演绎着灵长类的生存智慧，而真正让这片土地焕发生机的，是那270种羽翼生灵谱写的空中交响——它们或振翅掠过古树虬枝，或婉转啼鸣于云海山涧，用生命的轨迹编织着生态系统的经纬。

作为武陵山生物多样性保护优先区，宽阔水保护区的鸟类群落堪称自然界的奇迹。这里被国际权威机构野生动物保护国际（FFI）列为重要鸟区，是中国科学院动物研究所推崇的观鸟圣地，其鸟类资源的丰富性与独特性早已蜚声国际。从林间隐士般的鹟科鸣禽，到翱翔天际的猛禽军团，从湿地碧波中的水鸟家族，到灌草丛中的雉类贵族，每一片羽毛都镌刻着物种演化的密码。

本书的编纂，凝聚了数代科研工作者栉风沐雨的考察成果。我们系统梳理了保护区内鸟类的形态特征、生态习性、保护现状和分布范围，配以专业拍摄的生态影像，既是对区域生物多样性本底的科学记录，更是向公众传递自然之美的视觉盛宴。每一张观鸟照片背后，都是生态守护者跋山涉水的足迹；每一个物种描述的铅字间，都凝结着科研团队经年累月的心血。我们期望通过翔实的科学数据与生动的影像记录，让读者既能感受鸟类的形态之美、鸣唱之妙，又能理解保护工作的迫切性。

愿《贵州宽阔水鸟类》成为连接科学与公众的桥梁，让更多人加入生物多样性保护的行列，共同守护这份属于全人类的宝贵财富。因为每一只飞鸟的振翅，都在丈量着人类与自然和谐共处的距离；每一声林间的啼鸣，都在诉说着生命共同体的永恒命题。

谨以此书，献给所有热爱自然、守护生命的同行者。

由于编者水平有限，时间仓促，不足与错漏在所难免，希望广大读者与专家不吝指正。

编 者

2025 年 2 月

凡 例

一、鸟类学术语

夏 候 鸟：夏季留居并繁殖的鸟，在该地为夏候鸟。

冬 候 鸟：仅在冬季留居的鸟，在该地为冬候鸟。

旅　　鸟：仅在春秋季迁徙时停留，既不在该地繁殖，也不在该地越冬的鸟。

迷　　鸟：在迁徙过程中，由于狂风或其他气候因子骤变，使其偏离通常的迁徙路径或栖息地，偶然到异地的鸟。

留　　鸟：终年留居在出生地而不迁徙，或有时只进行短距离游荡的鸟。

成　　鸟：发育成熟（性腺成熟）、羽色显示出种的特色和特征、具有繁殖能力的鸟。一般小型鸟出生后2年即为成鸟；大中型鸟需经3~5年后性成熟。

雏　　鸟：孵出后至廓羽长成之前的鸟，通常不能飞翔。

幼　　鸟：离巢后独立生活，但未达到性成熟的鸟。

亚 成 鸟：比幼鸟更趋向成熟的阶段，但未到性成熟的鸟，有时也作幼鸟的同义词。

早 成 鸟：出壳后全身被绒羽，眼睁开，有视力、听力，有避敌害反应，能站立、自行取食随亲鸟行走的雏鸟。又称离巢型鸟。

晚 成 鸟：出壳后体躯裸露，无羽或仅有稀疏羽，眼不睁，仅有简单求食反应，不能站立，要亲鸟保温送食的雏鸟。又称留巢型鸟。

半早成鸟：雏鸟在发育上属早成鸟，而在习性上为晚成鸟，滞留巢内，亲鸟喂一段时间才离巢，如鸥类。

半晚成鸟：初出壳雏鸟不全被绒羽，眼睁或未睁，脚无力不能站立，需亲鸟保暖喂食。

夏　　羽：为成鸟在繁殖季节的被羽，也称繁殖羽，是早春换羽而呈现的羽。

冬　　羽：繁殖期过后，经过一次完全换过的羽，也称非繁殖羽。
纵　　纹：与羽毛上的羽轴平行或接近平行的斑纹。
轴　　纹：与羽轴重合的纹，也叫羽干纹。
带　　斑：多羽连成的带状斑纹。
横　　斑：与羽轴垂直的斑纹。
端　　斑：位于羽毛末端的斑纹或斑块。
次 端 斑：紧靠近端斑的斑块。
羽 缘 斑：沿羽毛边缘形成的斑纹。
蠹 状 斑：极细密波纹状的斑纹或不规则细横而密的纹斑，像小虫在树皮下啃的坑道。

二、鸟体各部位名称

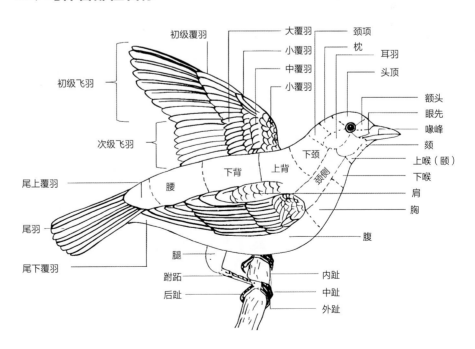

鸟类飞羽及体羽分区（引自郑作新，1982）

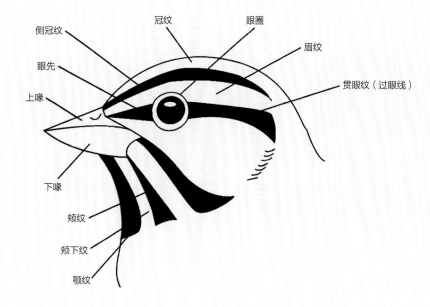

鸟类头部羽区（引自匡中帆，2020）

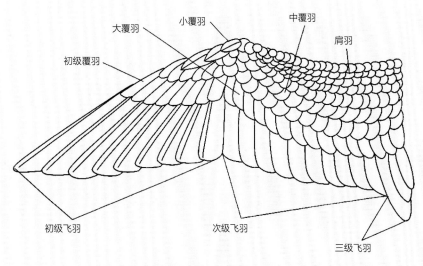

鸟类翼羽（引自匡中帆，2020）

观鸟小知识

一、鸟类识别技巧

鸟类识别是指在野外根据鸟类的形态、大小、羽色、鸣声、行为以及栖息生境和分布区域等,综合判断并确认鸟类的种类和类群,甚至年龄和性别等特征。鸟类识别需要借助于望远镜和鸟类图鉴等工具,或者描述记录、摄影、摄像和录音等辅助手段。

(一) 身体大小和外形

身体大小往往是在野外观察鸟类时最先抓住的形态特征。几种鸟类在一起时,容易比较大小,但如果一种鸟类单独出现时,相对难以确定其大小,尤其是那些距离较远的鸟类。这时,最好把它与与多数人熟知的鸟类进行比较,如麻雀、八哥、家鸽、家鸡等。几种常见鸟类大小:柳莺全长约10cm、麻雀全长约15cm、白头鹎全长约19cm、鸽子全长约33cm、喜鹊全长约45cm、大嘴乌鸦全长约50cm。

几种常见鸟类大小

(二) 喙的形态

鸟类喙的形态与其食物类型、取食方式密切相关,在长短、粗细、尖锐度、曲度等方面都有不同程度的差异。

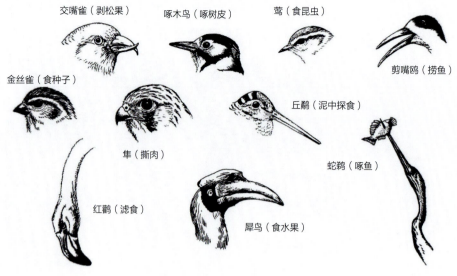

鸟喙的各种形态（引自郑光美，2017）

（三）后肢形态

为适应不同的栖息环境，鸟类的后肢也演化出不同的形态：涉禽类（如鹭类、鹬类）后肢修长，便于涉水；游禽类（如雁鸭）脚短，指间具蹼，利于游水；攀禽类（如啄木鸟）脚短，脚趾两前两后或外侧前趾基部并连，便于攀援；猛禽类（如鹰）后肢强劲有力，趾带锐利钩爪，便于抓握、捕捉和撕裂。

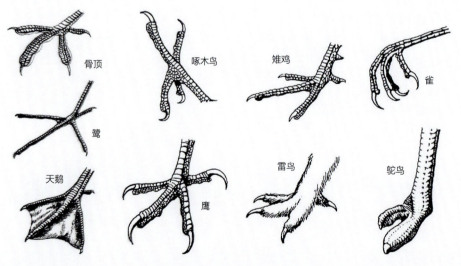

鸟类的足型（引自郑光美，2017）

（四）翼型和尾型

鸟类的翼型可分为椭圆型翼，如鸡形目、鸽形目、啄木鸟目等攀禽及大部分雀形目鸟类；较狭长型翼，如隼、雨燕等；极狭长型翼，如信天翁等海鸟；长而宽阔型，如雕等大型猛禽。尾型可分为平尾（如鹭）、圆尾（如八哥）、凸尾（如伯劳）、楔尾（如啄木鸟）、尖尾（如针尾鸭）、凹尾（如小白腰雨燕）、叉尾（如卷尾）、铗尾（如燕鸥）等。

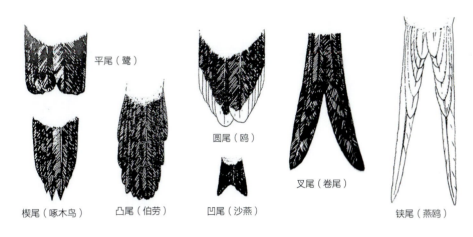

鸟类的尾型（引自郑作新，1966）

（五）羽色

鸟类全身羽毛的颜色构成了体色，有些鸟类的体色比较单纯（如大嘴乌鸦），有些则极为复杂（如火尾希鹛）。鸟类的羽色具有种和亚种的稳定性，因而成了鸟类野外辨识最重要的特征。

大嘴乌鸦　　　　　　　　　火尾希鹛

（六）其他形态特征

有些鸟类还具有其他特别的形态可供鉴别，如冠羽（如冠鱼狗）、头部饰羽（如白鹭）、蓑羽、耳羽、肉角和肉裙等。

冠鱼狗　　　　　　　　　　　白鹭

（七）种内形态差异

同一种鸟类的形态特征并不是恒定的，存在性别、亚种、季节、年龄和色型的变化：一些鸟类的雌雄个体间形态差异明显，如红腹锦鸡；不同亚种之间羽色存在不同程度的变化，如雉鸡的白色颈环在亚种之间差异明显；许多鸟类存在冬羽与夏羽的变化，如牛背鹭。

红腹锦鸡（左：雄鸟；右：雌鸟）

环颈雉（左：无颈环，右：有部分颈环）

牛背鹭（左：夏羽，右：冬羽）

二、观鸟工具

（一）望远镜

分为双筒望远镜和单筒望远镜，双筒望远镜一般选择 7~15 倍，单筒望远镜选择 20~60 倍，一般需要搭配脚架使用。

（二）鸟类图鉴

目前，国内相对便于使用的鸟类图鉴包括《中国鸟类观察手册》《中国鸟类野外手册》等。

（三）其他

笔记本、笔、照相机、录音笔。

望远镜及脚架　　　　　　　　　照相机

三、观鸟注意事项

（1）保持隐蔽与安静，禁止惊吓野鸟。

（2）只可远观，不可近看，保持适当距离，禁止追逐和干扰鸟类正常行为。

（3）不采集鸟蛋或捕捉野鸟，不近距离接触鸟类、鸟类排泄物等。

（4）禁止使用不当方法引诱或迫使鸟类现身，如播放鸣声、投食、抛物或惊吓等。

（5）观鸟或拍鸟者及装备应适当伪装、隐蔽，避免穿着艳丽的服装，严禁使用闪光灯。

（6）如遇营巢、孵卵或育雏鸟类，应尽快离开，避免惊扰导致亲鸟弃巢。

（7）不在任何平台公布野鸟繁殖地点及图片，避免引来干扰，影响鸟类正常繁殖。

（8）不在任何平台公布珍稀保护鸟类或特别鸟类的拍摄地点。

（9）观鸟或拍鸟期间应严格保护生态环境。

（10）观鸟或拍鸟期间应保证自身生命和财产安全。

鸟名生僻字

B	鸨	bǎo
	鹎	bēi

C	䲸	chéng
	鸱	chī
	鹚	cí

D	鸫	dōng

E	鹗	è
	鸸	ér

F	凫	fú

G	鸪	gū
	鹳	guàn

H	鸻	héng
	鹱	hù
	鹮	huán

L	鹂	lí
	椋	liáng
	鹩	liáo
	鵹	liè
	鸰	líng
	鹨	liú
	鹨	liù
	鸬	lú
	鹭	lù

J	鹡	jí
	鹍	jí
	鹣	jiān
	鲣	jiān
	鹪	jiāo
	鸠	jiū
	鹫	jiù
	鹆	jú

K	颏	ké
	鵟	kuáng

M	鹛	méi

鹲	méng
鹋	miáo

P

䴙	pì

Q

鸲	qú

S

杓	sháo
鸤	shī
薮	sǒu
隼	sǔn
蓑	suō

T

䴘	tī
鹈	tí

W

鹟	wēng
鹀	wú

X

鹇	xián
鸮	xiāo
鸺	xiū

Y

鸯	yāng
鹞	yào
鹬	yù
鸢	yuān
鸳	yuān

Z

鹧	zhè
榛	zhēn

目 录

前　言
凡　例
观鸟小知识
鸟名生僻字

第一章　绪　论

一、自然概况 ··· 02
二、鸟类研究历史 ····································· 02
三、鸟类多样性 ··· 03
四、字段解释 ··· 04

第二章　鸟类分类描述

一、鸡形目

（一）雉科

1. 红腹角雉 ··· 07
2. 白冠长尾雉 ··· 08
3. 白颈长尾雉 ··· 09
4. 红腹锦鸡 ··· 10
5. 环颈雉 ··· 11
6. 白鹇 ··· 12
7. 灰胸竹鸡 ··· 13

二、雁形目

（二）鸭科

8. 赤麻鸭 ··· 15
9. 棉凫 ··· 16
10. 鸳鸯 ··· 17
11. 白眼潜鸭 ··· 18
12. 罗纹鸭 ··· 19
13. 赤颈鸭 ··· 20
14. 绿头鸭 ··· 21
15. 针尾鸭 ··· 22
16. 绿翅鸭 ··· 23

三、䴙䴘目

（三）䴙䴘科

17. 小䴙䴘 ··· 25

四、鸽形目

（四）鸠鸽科

18. 山斑鸠 ··· 27
19. 珠颈斑鸠 ··· 28
20. 红翅绿鸠 ··· 29

五、夜鹰目

(五) 夜鹰科
21. 普通夜鹰 …………………… 31

(六) 雨燕科
22. 短嘴金丝燕 ………………… 32
23. 白腰雨燕 …………………… 33
24. 小白腰雨燕 ………………… 34

六、鹃形目

(七) 杜鹃科
25. 褐翅鸦鹃 …………………… 36
26. 红翅凤头鹃 ………………… 37
27. 噪鹃 ………………………… 38
28. 翠金鹃 ……………………… 39
29. 八声杜鹃 …………………… 40
30. 乌鹃 ………………………… 41
31. 大鹰鹃 ……………………… 42
32. 棕腹鹰鹃 …………………… 43
33. 四声杜鹃 …………………… 44
34. 大杜鹃 ……………………… 45
35. 中杜鹃 ……………………… 46
36. 小杜鹃 ……………………… 47

七、鹤形目

(八) 秧鸡科
37. 红胸田鸡 …………………… 49
38. 白胸苦恶鸟 ………………… 50
39. 黑水鸡 ……………………… 51
40. 白骨顶 ……………………… 52

八、鹈形目

(九) 鹭科
41. 栗苇鳽 ……………………… 54
42. 夜鹭 ………………………… 55
43. 池鹭 ………………………… 56
44. 牛背鹭 ……………………… 57
45. 苍鹭 ………………………… 58
46. 大白鹭 ……………………… 59
47. 白鹭 ………………………… 60

九、鸻形目

(十) 鸻科
48. 灰头麦鸡 …………………… 62
49. 金眶鸻 ……………………… 63

（十一）鹬科

50. 丘鹬 …………………… 64
51. 矶鹬 …………………… 65
52. 白腰草鹬 ………………… 66

（十二）鸥科

53. 红嘴鸥 …………………… 67

十、鸮形目

（十三）鸱鸮科

54. 领鸺鹠 …………………… 69
55. 斑头鸺鹠 ………………… 70
56. 领角鸮 …………………… 71
57. 红角鸮 …………………… 72
58. 短耳鸮 …………………… 73
59. 灰林鸮 …………………… 74
60. 黄腿渔鸮 ………………… 75

十一、鹰形目

（十四）鹗科

61. 鹗 ……………………… 77

（十五）鹰科

62. 凤头蜂鹰 ………………… 78
63. 黑冠鹃隼 ………………… 79
64. 蛇雕 …………………… 80
65. 白腹隼雕 ………………… 81
66. 凤头鹰 …………………… 82
67. 赤腹鹰 …………………… 83
68. 日本松雀鹰 ……………… 84
69. 松雀鹰 …………………… 85
70. 雀鹰 …………………… 86
71. 鹊鹞 …………………… 87
72. 黑鸢 …………………… 88
73. 灰脸鵟鹰 ………………… 89
74. 普通鵟 …………………… 90

十二、咬鹃目

（十六）咬鹃科

75. 红头咬鹃 ………………… 92

十三、犀鸟目

（十七）戴胜科

76. 戴胜 …………………… 94

十四、佛法僧目

（十八）佛法僧科

77. 三宝鸟 …………………… 96

（十九）翠鸟科

78. 普通翠鸟 ………………… 97
79. 冠鱼狗 …………………… 98
80. 蓝翡翠 …………………… 99

十五、啄木鸟目

（二十）拟啄木鸟科

81. 大拟啄木鸟 ……………… 101
82. 黑眉拟啄木鸟 …………… 102

（二十一）啄木鸟科

83. 斑姬啄木鸟 ……………… 103
84. 黄嘴栗啄木鸟 …………… 104
85. 栗啄木鸟 ………………… 105

86. 灰头绿啄木鸟 ⋯⋯⋯⋯⋯ 106
87. 星头啄木鸟 ⋯⋯⋯⋯⋯⋯ 107
88. 大斑啄木鸟 ⋯⋯⋯⋯⋯⋯ 108

十六、隼形目

（二十二）隼科

89. 红隼 ⋯⋯⋯⋯⋯⋯⋯⋯⋯ 110
90. 红脚隼 ⋯⋯⋯⋯⋯⋯⋯⋯ 111
91. 燕隼 ⋯⋯⋯⋯⋯⋯⋯⋯⋯ 112
92. 游隼 ⋯⋯⋯⋯⋯⋯⋯⋯⋯ 113

十七、雀形目

（二十三）黄鹂科

93. 黑枕黄鹂 ⋯⋯⋯⋯⋯⋯⋯ 115

（二十四）莺雀科

94. 白腹凤鹛 ⋯⋯⋯⋯⋯⋯⋯ 116
95. 红翅鸡鹛 ⋯⋯⋯⋯⋯⋯⋯ 117
96. 淡绿鸡鹛 ⋯⋯⋯⋯⋯⋯⋯ 118

（二十五）山椒鸟科

97. 灰喉山椒鸟 ⋯⋯⋯⋯⋯⋯ 119
98. 短嘴山椒鸟 ⋯⋯⋯⋯⋯⋯ 120
99. 长尾山椒鸟 ⋯⋯⋯⋯⋯⋯ 121
100. 暗灰鹃鸡 ⋯⋯⋯⋯⋯⋯⋯ 122

（二十六）卷尾科

101. 黑卷尾 ⋯⋯⋯⋯⋯⋯⋯⋯ 123
102. 灰卷尾 ⋯⋯⋯⋯⋯⋯⋯⋯ 124
103. 发冠卷尾 ⋯⋯⋯⋯⋯⋯⋯ 125

（二十七）王鹟科

104. 寿带 ⋯⋯⋯⋯⋯⋯⋯⋯⋯ 126

（二十八）伯劳科

105. 虎纹伯劳 ⋯⋯⋯⋯⋯⋯⋯ 127
106. 牛头伯劳 ⋯⋯⋯⋯⋯⋯⋯ 128
107. 红尾伯劳 ⋯⋯⋯⋯⋯⋯⋯ 129
108. 棕背伯劳 ⋯⋯⋯⋯⋯⋯⋯ 130
109. 灰背伯劳 ⋯⋯⋯⋯⋯⋯⋯ 131

（二十九）鸦科

110. 松鸦 ⋯⋯⋯⋯⋯⋯⋯⋯⋯ 132
111. 红嘴蓝鹊 ⋯⋯⋯⋯⋯⋯⋯ 133
112. 灰树鹊 ⋯⋯⋯⋯⋯⋯⋯⋯ 134
113. 喜鹊 ⋯⋯⋯⋯⋯⋯⋯⋯⋯ 135
114. 达乌里寒鸦 ⋯⋯⋯⋯⋯⋯ 136
115. 白颈鸦 ⋯⋯⋯⋯⋯⋯⋯⋯ 137
116. 大嘴乌鸦 ⋯⋯⋯⋯⋯⋯⋯ 138

（三十）玉鹟科

117. 方尾鹟 ⋯⋯⋯⋯⋯⋯⋯⋯ 139

（三十一）山雀科

118. 黄眉林雀 ⋯⋯⋯⋯⋯⋯⋯ 140
119. 黄腹山雀 ⋯⋯⋯⋯⋯⋯⋯ 141
120. 大山雀 ⋯⋯⋯⋯⋯⋯⋯⋯ 142
121. 绿背山雀 ⋯⋯⋯⋯⋯⋯⋯ 143

（三十二）百灵科

122. 小云雀 ⋯⋯⋯⋯⋯⋯⋯⋯ 144

（三十三）扇尾莺科

123. 山鹪莺 ⋯⋯⋯⋯⋯⋯⋯⋯ 145
124. 纯色山鹪莺 ⋯⋯⋯⋯⋯⋯ 146

(三十四)苇莺科
　　125. 钝翅苇莺 …………………… 147

(三十五)鳞胸鹪鹛科
　　126. 小鳞胸鹪鹛 …………………… 148

(三十六)蝗莺科
　　127. 棕褐短翅蝗莺 …………………… 149
　　128. 斑胸短翅蝗莺 …………………… 150
　　129. 高山短翅蝗莺 …………………… 151
　　130. 四川短翅蝗莺 …………………… 152

(三十七)燕科
　　131. 崖沙燕 …………………… 153
　　132. 家燕 …………………… 154
　　133. 烟腹毛脚燕 …………………… 155
　　134. 金腰燕 …………………… 156

(三十八)鹎科
　　135. 领雀嘴鹎 …………………… 157
　　136. 黄臀鹎 …………………… 158
　　137. 白头鹎 …………………… 159
　　138. 绿翅短脚鹎 …………………… 160
　　139. 栗背短脚鹎 …………………… 161
　　140. 黑短脚鹎 …………………… 162

(三十九)柳莺科
　　141. 黄眉柳莺 …………………… 163
　　142. 黄腰柳莺 …………………… 164
　　143. 棕眉柳莺 …………………… 165
　　144. 华西柳莺 …………………… 166
　　145. 褐柳莺 …………………… 167
　　146. 棕腹柳莺 …………………… 168
　　147. 白眶鹟莺 …………………… 169
　　148. 灰冠鹟莺 …………………… 170
　　149. 比氏鹟莺 …………………… 171
　　150. 淡尾鹟莺 …………………… 172
　　151. 峨眉鹟莺 …………………… 173
　　152. 暗绿柳莺 …………………… 174
　　153. 峨眉柳莺 …………………… 175
　　154. 栗头鹟莺 …………………… 176
　　155. 黑眉柳莺 …………………… 177

156. 西南冠纹柳莺 …… 178
157. 白斑尾柳莺 …… 179

（四十）树莺科

158. 棕脸鹟莺 …… 180
159. 远东树莺 …… 181
160. 强脚树莺 …… 182
161. 黄腹树莺 …… 183

（四十一）长尾山雀科

162. 红头长尾山雀 …… 184

（四十二）鸦雀科

163. 金胸雀鹛 …… 185
164. 灰头雀鹛 …… 186
165. 棕头鸦雀 …… 187
166. 灰喉鸦雀 …… 188
167. 金色鸦雀 …… 189
168. 灰头鸦雀 …… 190
169. 点胸鸦雀 …… 191

（四十三）绣眼鸟科

170. 白领凤鹛 …… 192
171. 栗颈凤鹛 …… 193
172. 黑颏凤鹛 …… 194
173. 红胁绣眼鸟 …… 195
174. 暗绿绣眼鸟 …… 196
175. 灰腹绣眼鸟 …… 197

（四十四）林鹛科

176. 斑胸钩嘴鹛 …… 198
177. 棕颈钩嘴鹛 …… 199
178. 红头穗鹛 …… 200

（四十五）幽鹛科

179. 褐胁雀鹛 …… 201
180. 褐顶雀鹛 …… 202

（四十六）雀鹛科

181. 灰眶雀鹛 …… 203

（四十七）噪鹛科

182. 画眉 …… 204
183. 褐胸噪鹛 …… 205
184. 灰翅噪鹛 …… 206
185. 白颊噪鹛 …… 207
186. 黑脸噪鹛 …… 208
187. 黑领噪鹛 …… 209
188. 矛纹草鹛 …… 210
189. 棕噪鹛 …… 211
190. 红尾噪鹛 …… 212
191. 火尾希鹛 …… 213
192. 蓝翅希鹛 …… 214
193. 红嘴相思鸟 …… 215
194. 黑头奇鹛 …… 216

（四十八）鸭科

195. 普通䴓 …… 217

（四十九）河乌科

196. 褐河乌 …… 218

（五十）椋鸟科

197. 八哥 …… 219
198. 丝光椋鸟 …… 220

（五十一）鸫科

199. 橙头地鸫 …… 221

200. 小虎斑地鸫……………… 222	221. 红喉歌鸲……………… 243
201. 灰背鸫………………… 223	222. 白尾蓝地鸲……………… 244
202. 黑胸鸫………………… 224	223. 红胁蓝尾鸲……………… 245
203. 灰翅鸫………………… 225	224. 小燕尾………………… 246
204. 乌鸫…………………… 226	225. 灰背燕尾……………… 247
205. 灰头鸫………………… 227	226. 白额燕尾……………… 248
206. 褐头鸫………………… 228	227. 紫啸鸫………………… 249
207. 白腹鸫………………… 229	228. 橙胸姬鹟……………… 250
208. 斑鸫…………………… 230	229. 红喉姬鹟……………… 251
209. 宝兴歌鸫……………… 231	230. 小斑姬鹟……………… 252
	231. 灰蓝姬鹟……………… 253
(五十二) 鹟科	232. 北红尾鸲……………… 254
210. 鹊鸲…………………… 232	233. 蓝额红尾鸲…………… 255
211. 乌鹟…………………… 233	234. 红尾水鸲……………… 256
212. 北灰鹟………………… 234	235. 白顶溪鸲……………… 257
213. 棕尾褐鹟……………… 235	236. 蓝矶鸫………………… 258
214. 中华仙鹟……………… 236	237. 栗腹矶鸫……………… 259
215. 白喉林鹟……………… 237	238. 黑喉石䳭……………… 260
216. 棕腹大仙鹟…………… 238	239. 灰林䳭………………… 261
217. 白腹蓝鹟……………… 239	
218. 蓝歌鸲………………… 240	**(五十三) 啄花鸟科**
219. 铜蓝鹟………………… 241	240. 红胸啄花鸟…………… 262
220. 白腹短翅鸲…………… 242	

(五十四)花蜜鸟科

241. 蓝喉太阳鸟 ········· 263
242. 叉尾太阳鸟 ········· 264

(五十五)岩鹨科

243. 棕胸岩鹨 ········· 265

(五十六)梅花雀科

244. 白腰文鸟 ········· 266

(五十七)雀科

245. 山麻雀 ········· 267
246. 麻雀 ········· 268

(五十八)鹡鸰科

247. 山鹡鸰 ········· 269
248. 树鹨 ········· 270
249. 粉红胸鹨 ········· 271
250. 黄腹鹨 ········· 272
251. 黄鹡鸰 ········· 273
252. 灰鹡鸰 ········· 274
253. 黄头鹡鸰 ········· 275
254. 白鹡鸰 ········· 276

(五十九)燕雀科

255. 燕雀 ········· 277
256. 黑尾蜡嘴雀 ········· 278
257. 普通朱雀 ········· 279
258. 酒红朱雀 ········· 280
259. 褐灰雀 ········· 281
260. 金翅雀 ········· 282
261. 黑头金翅雀 ········· 283
262. 红交嘴雀 ········· 284

(六十)鹀科

263. 栗耳鹀 ········· 285
264. 三道眉草鹀 ········· 286
265. 西南灰眉岩鹀 ········· 287
266. 黄喉鹀 ········· 288
267. 蓝鹀 ········· 289
268. 小鹀 ········· 290
269. 灰头鹀 ········· 291
270. 白眉鹀 ········· 292

参考文献 ········· 293
附　录 ········· 295
中文名索引 ········· 306
英文名索引 ········· 311
学名索引 ········· 316

贵 州 宽 阔 水 鸟 类

 第一章·绪 论

一、自然概况

贵州宽阔水国家级自然保护区（以下简称保护区）于1989年建立县级保护区，2001年升格为省级自然保护区，2007年经国务院批准建立国家级自然保护区，同年被纳入中国人与生物圈保护区网络成员。保护区位于贵州省遵义市绥阳县北部，海拔为650~1762m。总面积为26231hm²，其中核心区面积9085hm²，缓冲区面积6186hm²，实验区面积10960hm²。

保护区全境位于武陵山生物多样性保护优先区的西南境内，地处大娄山山脉东部斜坡地带，是乌江一级支流芙蓉江的主要发源地，良好的植被和生态是长江上游和三峡库区的生态屏障，是黔北大娄山喀斯特台原生物多样性的富集区，生物多样性区位节点十分重要，物种丰富，主要保护对象为以原生性亮叶水青冈林为主体的典型亚热带中山常绿落叶阔叶混交林、黑叶猴 *Trachypithecus francoisi*、红腹锦鸡 *Chrysolophus pictus* 种群及其自然生境以及大量野生珍稀动植物，现已查明生物资源共691科4584种。

保护区有国家重点保护野生动植物113种，其中国家一级保护野生动物有黑叶猴、白颈长尾雉 *Syrmaticus ellioti* 等9种，国家二级保护野生动物有毛冠鹿 *Elaphodus cephalophus*、红腹锦鸡、豹猫 *Prionailurus bengalensis*、宽阔水拟小鲵 *Pseudohynobius kuankuoshuiensis* 等59种；国家一级保护野生植物有珙桐 *Davidia involucrata*、红豆杉 *Taxus chinensis*、南方红豆杉 *Taxus wallichiana* 3种，国家二级保护野生植物有黄杉 *Pseudotsuga sinensis*、罗汉松 *Podocarpus macrophyllus*、伯乐树 *Bretschneidera sinensis*、云南重楼 *Paris polyphylla* 等42种。

保护区内鸟类资源丰富，且极富特色，被野生动物保护国际（FFI）列为国际重要鸟区，被中国科学院动物研究所列为中国主要观鸟点之一。

二、鸟类研究历史

有关宽阔水国家级自然保护区的鸟类研究，主要来源于保护区组织的综合科学考察。20世纪80年代，有学者对保护区鸟类进行过数次调查和标本采集，吴志康（1984）对当时规划的保护区范围内（约24km²）的鸟类进行调查和标本采集，共记录到鸟类148种。1992—2003年，李筑眉等多次对宽阔水及其周围地区的鸟类资源进行了进一步的调查研究，新增保护区鸟类记录23种，整合前人记录的148种，共记录鸟类171种，隶属于16目42科（喻理飞等，2004）。2012年7月至2013年8月，姚小刚等（2014）采用样线法、样点法、布设红外相机、访问和搜集资料等对保护区鸟类又进行了深入调查，新增鸟类20种，记录保护鸟类达191种，隶属于16目44科（姚小刚等，2014）。2014—2016年，由喻理飞教授领衔团队以保护区生物多样性研究和生物多样性本底编目为主要内容，对保护区生物多样性保护成效进行评价时，对保护区的鸟类进行了调查和分析，共记录鸟类197种（喻理飞等，2018）。

2022年，保护区再次启动了鸟类专项调查项目，开展了2年野外调查，结合历史资料，并根据《中国鸟类分类与分布名录（第四版）》（郑光美，2023）重新整理和编制保护区鸟类名录，共记录鸟类267种，隶属于17目60科。2025年1月3~5日，保护区工作人员在开展鸟类日常监测时，观测到保护区2种鸟类新记录物种——褐灰雀 *Pyrrhula nipalensis* 和黄腿渔鸮 *Ketupa flavipes*，3月9日，观测到灰头麦鸡 *Vanellus cinereus*，至此，保护区鸟类记录达270种。

三、鸟类多样性

截止到2025年3月，宽阔水国家级自然保护区共记录鸟类270种，隶属于17目60科。国家重点保护鸟类48种，其中国家一级保护野生动物2种，为白冠长尾雉 *Syrmaticus reevesii* 和白颈长尾雉，国家二级保护野生动物46种，为红腹锦鸡、凤头鹰 *Accipiter trivirgatus*、画眉 *Garrulax canorus*、褐胸噪鹛 *Garrulax maesi*、棕噪鹛 *Pterorhinus berthemyi*、红尾噪鹛 *Trochalopteron milnei* 和红嘴相思鸟 *Leiothrix lutea* 等。列入《濒危野生动植物种国际贸易公约》（CITES）附录的有29种，其中附录 I 2种，为白颈长尾雉和游隼 *Falco peregrinus*；附录 II 27种。列为《中国生物多样性红色名录》濒危2种，为白冠长尾雉和棉凫 *Nettapus coromandelianus*；易危4种，为白颈长尾雉、白腹隼雕 *Aquila fasciata*、褐头鸫 *Turdus feae* 和白喉林鹟 *Cyornis brunneatus*；近危（NT）26种。中国特有种13种，分别为白冠长尾雉、白颈长尾雉、红腹锦鸡 *Chrysolophus pictus*、灰胸竹鸡 *Bambusicola thoracicus*、黑眉拟啄木鸟 *Psilopogon oorti*、山鹪莺 *Prinia striata*、四川短翅蝗莺 *Locustella chengi*、峨眉柳莺 *Phylloscopus emeiensis*、灰头雀鹛 *Fulvetta cinereiceps*、棕噪鹛、乌鸫 *Turdus mandarinus*、南灰眉岩鹀 *Emberiza yunnanensis* 和蓝鹀 *Emberiza siemsseni*。

依据《贵州鸟类志》（吴志康，1986）对宽阔水国家级自然保护区鸟类居留类型进行分析，有留鸟151种，夏候鸟63种，冬候鸟29种，旅鸟16种，夏候鸟或旅鸟4种，留鸟或冬候鸟1种，冬候鸟或旅鸟6种。

对220种繁殖鸟（留鸟和夏候鸟）进行区系分析，有东洋种133种，古北种39种，广布种48种，其中东洋种及广布种占82.3%。由此可见宽阔水国家级自然保护区鸟类的区系构成以东洋界成分为主。即宽阔水国家级自然保护区归属于东洋界。这与郑作新（1987）和张荣祖（2011）在中国动物地理区划中均将宽阔水国家级自然保护区所处地理位置归属于东洋界的划分相符。

四、字段解释

字　段	解　释
《濒危野生动植物种国际贸易公约（2023年版）》（CITES）附录	附录Ⅰ：列入《濒危野生动植物种国际贸易公约（2023年版）》附录Ⅰ的物种 附录Ⅱ：列入《濒危野生动植物种国际贸易公约（2023年版）》附录Ⅱ的物种
《国家重点保护野生动物名录》（2021年版）	国家一级（一）：国家一级保护野生动物 国家二级（二）：国家二级保护野生动物
《中国生物多样性红色名录——脊椎动物 第二卷 鸟纲》受威胁等级	CR（Critically Endangered）：极危 EN（Endangered）：濒危 VU（Vulnerable）：易危 NT（Near Threatened）：近危 LC（Least Concern）：无危 DD（Data Deficient）：数据缺乏
居留类型	R（Resident）：留鸟 S（Summer visitor）：夏候鸟 W（Winter visitor）：冬候鸟 P（Passage migrant）：旅鸟 V（Vagrant migrant）：迷鸟 不明：不能确定居留类型
区系从属	东：东洋种 古：古北种 广：广布种
中国特有种	仅分布于中国境内的物种

贵 州 宽 阔 水 鸟 类

 第二章·鸟类分类描述

一、鸡形目
GALLIFORMES
贵 州 宽 阔 水 鸟 类

红腹角雉（雄） 摄影/孟宪伟

（一）雉科 Phasianidae

1. 红腹角雉

Tragopan temminckii

英文名：Temminck's Tragopan
体　长：60~68cm

红腹角雉（雌） 摄影/匡中帆

形态特征　雄鸟绯红色，上体多有带黑色外缘的白色小圆点，下体带灰白色椭圆形点斑；头黑色，眼后有金色条纹，脸部裸皮呈蓝色，具可膨胀的喉垂及肉质角。雌鸟较小，具棕色杂斑，下体有大块白色点斑。虹膜褐色；喙黑色，喙尖粉红色；脚粉色至红色。

生态习性　单独或家族形式栖息于海拔1000~1600m的高山杜鹃林、箭竹林中。性隐匿，善奔走，非迫不得已时不起飞，繁殖期常"哇哇"鸣叫，故有"哇哇鸡"之称。营巢在树上。

保护现状　国家二级保护野生动物，近危（NT）。

分布范围　陕西南部，甘肃南部，西藏东南部，云南，四川，重庆，贵州，湖北西部，湖南，广西北部。

2. 白冠长尾雉
Syrmaticus reevesii

英文名：Reeves's Pheasant

体　长：雄鸟140~200cm，雌鸟55~70cm

形态特征　雄鸟具超长的带横斑尾羽（长至150cm）。头部花纹呈黑白色。上体金黄具黑色羽缘，呈鳞状。腹中部及股黑色。雌鸟胸部具红棕色鳞状纹，尾远较雄鸟为短。虹膜褐色；喙角质色；脚灰色。

生态习性　林栖鸟类，喜在较为茂密的落叶阔叶林和针阔叶混交林内，林下灌木少而空旷，海拔600~2000m的山区生活。夜栖息于4~5m高且背风的乔木上。性机警畏人。

保护现状　国家一级保护野生动物，濒危（EN），中国特有种。

分布范围　河南西南部，陕西南部，甘肃东南部，云南东北部，四川，重庆，贵州，湖北，湖南西部，安徽西南部。

白冠长尾雉　摄影／程立

白颈长尾雉（雄） 摄影/唐承贵

3. 白颈长尾雉
Syrmaticus ellioti

英文名： Elliot's Pheasant
体　长： 雄鸟81~90cm，雌鸟45~50cm

白颈长尾雉（雌） 摄影/唐承贵

形态特征　雄鸟近褐色。头色浅，棕褐色尖长尾羽上具银灰色横斑，颈侧白色，翼上带横斑，腹部及肛周白色。黑色的颏、喉及白色的腹部为本种特征。脸颊裸皮猩红色，腰黑色，羽缘白色。雌鸟头顶红褐色，枕及后颈灰色。上体其余部位杂以栗色、灰色及黑色蠹斑。喉及前颈黑色，下体余部白色上具棕黄色横斑。虹膜黄褐色；喙黄色；脚蓝灰色。

生态习性　栖息于混交林中的浓密灌丛及竹林。性机警。以小群活动。

保护现状　国家一级保护野生动物，近危（NT），中国特有种。

分布范围　重庆，贵州，湖北东南部，湖南，安徽南部，江西，江苏，浙江，福建，广东，广西。

第二章　鸟类分类描述　009

4. 红腹锦鸡

Chrysolophus pictus

形态特征 雄鸟头顶、下背、腰及尾上覆羽金黄色；上背浓绿色；翎领亮橙色且具黑色羽缘；下体红色；尾长而弯曲，皮黄色，满布黑色网状斑纹，其余部位黄褐色。雌鸟黄褐色，上体密布黑色带斑，下体淡皮黄色。虹膜黄色；喙绿黄色；脚角质黄色。

生态习性 生活在多岩的山坡，出没于矮树丛和竹林间，主要栖息在常绿阔叶林、常绿落叶混交林及针阔混交林中。单独或成小群活动。早晚在林中或林缘耕地中觅食。

保护现状 国家二级保护野生动物，近危（NT），中国特有种。

分布范围 河南南部，山西南部，陕西南部，宁夏南部，甘肃东南部，青海东南部，云南东北部，四川，重庆，贵州东部，湖北西部，湖南西部。

英文名：Golden Pheasant
体　长：雄鸟86~100cm，雌鸟59~70cm

红腹锦鸡（雌）　摄影/匡中帆

红腹锦鸡（雄）　摄影/匡中帆

环颈雉（雄） 摄影/郭轩

5. 环颈雉
Phasianus colchicus

英文名： Common Pheasant
体　长： 雄鸟80~100cm，雌鸟57~65cm

形态特征 雄鸟头部具黑色光泽，有显眼的耳羽簇，宽大的眼周裸皮呈鲜红色。有些亚种有白色颈圈。身体披金挂彩，满身点缀着发光羽毛，从墨绿色至铜色、金色；两翼灰色，尾长而尖，褐色并带有黑色横纹。雌鸟色暗淡，周身密布浅褐色斑纹。中国有19个地域型亚种，体羽细部差别甚大。虹膜黄色；喙角质色；脚略灰色。

生态习性 雄鸟单独或成小群活动，雌鸟与雏鸟偶尔和其他鸟混群。栖息于不同高度的开阔林地、灌木丛、半荒漠及农耕地。

保护现状 无危（LC）。

分布范围 新疆西北部，内蒙古，甘肃，青海，陕西，宁夏，黑龙江，吉林，辽宁，北京，天津，河北，河南，山东，山西，西藏东部，云南，四川，重庆，贵州，湖北，湖南，安徽，江西，江苏，上海，浙江，福建，广东，台湾。

环颈雉（雌） 摄影/沈惠明

第二章　鸟类分类描述　011

白鹇（雄） 摄影/张卫民

6. 白鹇
Lophura nycthemera

形态特征 雄鸟上体白色，密布黑纹；羽冠和下体灰蓝黑色；尾长，大都呈白色。雌鸟通体橄榄褐色，枕冠近黑色。脸的裸出部赤红色；在繁殖期有3个肉垂，一在眼前，一在眼后，一在喉侧。虹膜橙黄色；喙浅角绿色，基部稍暗；脚鲜红色。

生态习性 栖息于多林的山地，尤喜在山林下层的浓密竹丛间活动，从山脚直至海拔1500m左右的高度。白天大都隐匿不见，晨昏觅食。叫声粗糙。昼间漫游，觅食、喝水都没有定向。警觉性高。食物主要为昆虫及植物种子等。

保护现状 国家二级保护野生动物，无危（LC）。

分布范围 云南，四川中部，湖北西部，贵州南部和西部，江西，江苏南部，浙江，福建西北部，广东，广西，海南。

英文名：Silver Pheasant
体　长：60~70cm

白鹇（雌） 摄影/李利伟

7. 灰胸竹鸡
Bambusicola thoracicus

英文名：Chinese Bamboo Partridge

体　长：27~35cm

形态特征　上体棕橄榄褐色，背部杂显著的栗色斑。眉纹灰色；颏、喉及胸腹前部栗棕色，向后转为棕黄色；胸具蓝灰色带斑；胁具黑褐色斑。上背、胸侧及两胁有月牙形的大块褐色斑。外侧尾羽栗色。飞行翼下有两块白斑。雌雄同色。虹膜红褐色；喙褐色；脚绿灰色。

生态习性　以家庭群栖居。飞行笨拙、径直。栖息于海拔1000m以下干燥的矮树丛、竹林及灌丛。繁殖期中，雌雄鸟常对鸣不已，鸣声响亮清晰。

保护现状　无危（LC），中国特有种。

分布范围　河南南部，陕西南部，甘肃南部，云南东北部，四川，重庆，贵州，湖北，湖南，安徽，江西，江苏，上海，浙江，福建，广东，广西。

灰胸竹鸡　摄影/张海波

二、雁形目
ANSERIVFORMES
贵 州 宽 阔 水 鸟 类

赤麻鸭 摄影/吴忠荣

（二）鸭科 Anatidae

8. 赤麻鸭
Tadorna ferruginea

英文名：Ruddy Shelduck
体　长：58~70cm

形态特征　通体橙栗色。雄鸟头顶及头侧棕白色，须、喉、前颈及颈侧均为淡棕黄色，下颈基部夏季有狭窄的黑色领圈。上背、两肩及下体均为棕黄色。下背色稍淡，羽端更浅。飞行时白色的翅上覆羽及铜绿色翼镜明显可见。雌鸟颈基无黑色领环，头顶及头侧均为棕白色，其余体羽与雄鸟的相似，但色略淡。喙和脚黑色。

生态习性　筑巢于近溪流、湖泊的洞穴。多见于内地湖泊及河流。极少到沿海。

保护现状　无危（LC）。

分布范围　除海南外，见于各省份。

9. 棉凫

Nettapus coromandelianus

英文名：Asian Pygmy Goose
体　长：31~38cm

形态特征　通体深绿色及白色。雄鸟头顶、颈带、背、两翼及尾皆黑色而带绿色；体羽余部近白色。飞行时白色翼斑明显。雌鸟棕褐色取代闪光黑色，皮黄色取代白色；有暗褐色过眼纹；无白色翼斑。雄鸟虹膜红色，雌鸟虹膜深色；喙近灰色；脚灰色。

生态习性　常活动于多水草的池塘、河道、水坑或稻田。营巢于树上洞穴，常栖息于高树。

保护现状　国家二级保护野生动物，濒危（EN）。

分布范围　北京，天津，河北，河南，陕西，内蒙古，青海，云南，四川，重庆，贵州，湖北，湖南，安徽，江西，江苏，上海，浙江，福建，广东，香港，广西，海南，台湾。

棉凫　摄影/郭轩

鸳鸯(雄) 摄影/匡中帆

英文名:Mandarin Duck
体 长:41~51cm

10. 鸳鸯
Aix galericulata

形态特征 中等体型。雌雄异色。雄鸟羽色华丽,头顶具羽冠,眼后有一宽而明显的白色眉纹,延长至羽冠;翅上有一对栗黄色帆状羽明显,易于识别。雌鸟不甚艳丽,无羽冠和帆羽,头和背呈褐色,具亮灰色体羽及雅致的白色眼圈及眼后线。雄鸟的非繁殖羽似雌鸟,但喙为红色。虹膜褐色;喙雄鸟红色,雌鸟灰色;脚近黄色。

生态习性 营巢于树上洞穴或河岸,活动于多林木的溪流。

保护现状 国家二级保护野生动物,近危(NT)。

分布范围 除西藏、青海外,见于各省份。

鸳鸯(雌幼) 摄影/吕敬才

11. 白眼潜鸭
Aythya nyroca

英文名：Ferruginous Duck
体　长：38~42cm

形态特征　雄鸟头、颈、胸及两胁浓栗色，颈基部有一条不明显的黑褐色领环；上体黑褐色，下腹淡褐色略带棕色，尾下覆羽白色。雌鸟头和颈棕褐色；上体、上胸、两胁褐色，下胸灰白色而杂以不明显的棕色斑；上腹灰白色，下腹褐色；尾下覆羽白色。雄鸟虹膜银白色，雌鸟虹膜灰褐色；喙黑灰色或黑色；脚银灰色或黑色。

生态习性　繁殖期主要栖息于开阔而水生植物丰富的淡水湖泊、沼泽等水域，冬季多活动于水流较缓的河流、湖泊、水库等水域。常与其他潜鸭混群。潜水觅食，主要以植物性食物为食，也吃昆虫、小鱼等动物性食物。

保护现状　近危（NT）。

分布范围　除新疆外，见于各省份。

白眼潜鸭　摄影/沈惠明

罗纹鸭 摄影/匡中帆

12. 罗纹鸭
Mareca falcata

英文名： Falcated Duck
体　长： 46~54cm

形态特征 雌雄异色。雄性成鸟头顶暗栗色，头和颈的两侧及后颈冠羽铜绿色，具紫铜色金属光泽；前额基部具一小块白斑；颏、喉和前颈纯白色，前颈近基处有一黑色闪绿色光泽的领圈。上背和肩灰白色，满杂暗褐色波状横斑，下背和腰纯暗褐色；尾上覆羽主要为黑色，尾侧覆羽具宽阔的乳黄色端斑。黑白色的三级飞羽长而弯曲，形似镰刀。雌鸟暗褐色杂深色，头及颈色浅，两胁略带扇贝形纹，尾上覆羽两侧具皮草黄色线条，有墨绿色翼镜。虹膜褐色；喙黑色；脚暗灰色。

生态习性 结群活动于湖泊中，与其他种类混群。以植物和水生昆虫为食。

保护现状 近危（NT）。

分布范围 除新疆外，见于各省份。

13. 赤颈鸭
Mareca penelope

英文名：Eurasian Wigeon
体　长：42~51cm

形态特征　雄鸟头栗色而带皮黄色冠羽；体羽余部多灰色，两胁有白斑，腹白色，尾下覆羽黑色。雌鸟通体棕褐色或灰褐色，腹白色；下翼灰色。虹膜棕色；喙蓝绿色；脚灰色。

生态习性　与其他水鸟混群栖息于湖泊、沼泽及河口地带。

保护现状　无危（LC）。

分布范围　见于各省份。

赤颈鸭　摄影/匡中帆

绿头鸭·摄影/郭轩

14. 绿头鸭

Anas platyrhynchos

英文名：Mallard

体　长：55~70cm

形态特征　家鸭的野型。雄鸟头及颈深绿色带光泽，白色颈环使头与栗色胸隔开。雌鸟褐色斑驳，有深色的贯眼纹。虹膜褐色；喙黄色；脚橘黄色。

生态习性　多见于湖泊、池塘及河口。冬季常集大群在湖泊上活动，夜间到岸边农田或沼泽地觅食。主要以水生植物和甲虫为食。

保护现状　无危（LC）。

分布范围　见于各省份。

针尾鸭（雄） 摄影/匡中帆

15. 针尾鸭
Anas acuta

形态特征 尾长而尖。雄鸟头顶暗褐色，后颈中央黑褐色，头侧、颏、喉及前颈上部均为淡褐色；颈侧在黑褐色后颈与淡褐色前颈之间，形成一白色宽带。背部满布以暗褐色与灰白色相间的波状横斑；腰部褐色，杂以白色横斑。尾黑色，中央尾羽特别延长，两翼灰色具绿铜色翼镜，下体白色。雌鸟黯淡褐色，上体多黑斑；下体皮黄色，胸部具黑点。虹膜褐色；喙蓝灰色；脚灰色。

生态习性 喜沼泽、湖泊、大河流及沿海地带。常在水面取食，有时探入浅水。

保护现状 无危（LC）。

分布范围 见于各省份。

英文名：Northern Pintail
体　长：51~76cm

针尾鸭（雌） 摄影/郭轩

16. 绿翅鸭
Anas crecca

英文名：Green-winged teal

体　长：34~38cm

形态特征　翅具鲜明的翠绿色而有金属光泽的翼镜，在飞行时明显。雄鸟头呈深栗红色，眼后有一道翠绿色带斑伸至后颈两侧。肩羽上有一道长长的白色条纹，深色的尾下羽外缘具皮黄色斑块；其余体羽多灰色。雌鸟褐色斑驳，腹部色淡。虹膜褐色；喙灰色；脚灰色。

生态习性　成对或成群栖息于湖泊或池塘，常与其他水禽混杂。飞行快速，振翼极快。以植物性食物为主，动物性食物次之。

保护现状　无危（LC）。

分布范围　见于各省份。

绿翅鸭（雌）　摄影/匡中帆

绿翅鸭（雄）　摄影/匡中帆

三、䴙䴘目
PODICIPEDIFORMES
贵 州 宽 阔 水 鸟 类

小䴙䴘 摄影/张海波

（三）䴙䴘科 Podicipedidae

17. 小䴙䴘
Tachybaptus ruficollis

英文名：Little Grebe
体　长：23~29cm

形态特征 喙锥形；翅短小，尾羽松散而短小；跗跖侧扁，后缘鳞片主要呈三角形，锯齿状，趾具瓣蹼。繁殖羽喉及前颈偏红色，头顶及颈背深灰褐色，上体褐色，下体偏灰色，具明显黄色喙斑。非繁殖羽上体灰褐色，下体白色。虹膜黄色；喙黑色；脚蓝灰色；趾尖浅色。

生态习性 喜清水及有丰富水生生物的湖泊、沼泽及涨过水的稻田。通常单独或成分散小群活动。食物主要为小型鱼虾及水生昆虫等。筑浮巢繁殖。

保护现状 无危（LC）。

分布范围 见于各省份。

四、鸽形目
COLUMBIFORMES

贵 州 宽 阔 水 鸟 类

山斑鸠 摄影/孟宪伟

(四) 鸠鸽科 Columbidae

18. 山斑鸠
Streptopelia orientalis

英文名：Oriental Turtle Dove
体　长：28~36cm

形态特征　上体以黑褐色为主；后颈基部两侧具羽端蓝灰色、羽基黑色的斑块；肩羽具锈红色羽缘；尾羽黑褐色，尾梢浅灰色，端缘灰白色。腰灰色。虹膜黄色；喙灰色；脚粉红色。

生态习性　喜结群活动于坝区边缘的低丘、山地和靠近农耕地的地方。常在农耕地觅食散落谷物，或在林中啄食果实。

保护现状　无危（LC）。

分布范围　见于各省份。

19. 珠颈斑鸠
Streptopelia chinensis

英文名：Spotted Dove
体　长：27~33cm

形态特征　头部鸽灰色；上体羽几呈褐色，后颈有宽阔的黑色领圈，密布白色或渲染棕黄色的珠状点斑；外侧尾羽黑褐色，末端白色，尾羽展开时白色羽端十分显著；下体呈葡萄粉红色。虹膜橘黄色；喙黑色；脚红色。

生态习性　常结群活动于田间及村寨附近或住家旁的大树上。经常在地面上或农田里觅食，鸣声响亮，声似"ku-ku-u-ou"，连续鸣叫多次。主要以各种农作物种子及杂草种子为食。

保护现状　无危（LC）。

分布范围　北京，天津，河北，山东，河南，山西，陕西，内蒙古，宁夏，甘肃，青海，云南，四川，重庆，贵州，湖北，湖南，安徽，江西，江苏，上海，浙江，福建，广东，香港，澳门，广西，海南，台湾。

珠颈斑鸠　摄影/吴忠荣

红翅绿鸠（雄） 摄影/李毅

20. 红翅绿鸠
Treron sieboldii

英文名：White-bellied Green Pigeon
体　长：29~33cm

形态特征　雄鸟翅上有栗色块斑，背部有时沾染栗色，额亮绿黄色；头顶棕橙色；枕、头侧及颈呈灰黄绿色；上体余部及内侧飞羽表面呈橄榄绿色，颈部沾灰色，上背沾有栗红色，颏、喉亮黄色；胸浓黄色而沾棕橙色；胁具灰绿色条纹。雌鸟额及颏、喉淡黄绿色；头顶及胸部缺乏棕橙色，背及翅上均为暗绿色；胸至上腹呈现比雄鸟较暗的绿色；下腹至尾下覆羽呈现淡黄白色。虹膜外圈紫红色，内圈蓝色；喙灰蓝色，端部较暗；脚淡紫红色。

生态习性　常见单个或三五只成群在山区的森林或多树地带活动。常在针、阔混交林活动，也见于林缘的庄稼地。飞行快而直。鸣叫一般似"ku-u"的延长声，颇似小孩啼哭声。食物主要为浆果、草籽。

保护现状　国家二级保护野生动物，无危（LC）。

分布范围　西藏东南部，云南南部，四川，贵州，江西，广东，香港，澳门，广西，海南，台湾。

红翅绿鸠（雌） 摄影/张海波

五、夜鹰目
CAPRIMULGIFORMES
贵 州 宽 阔 水 鸟 类

普通夜鹰 摄影/黄吉红

（五）夜鹰科 Caprimulgidae

21. 普通夜鹰
Caprimulgus indicus

英文名： Grey Nightjar

体　长： 24~29cm

形态特征　通体偏灰色。雄鸟最外侧4枚初级飞羽具一道白色横斑；外侧4对尾羽具白色次端斑，喉具白斑。雌鸟最外侧4枚初级飞羽斑块棕黄，尾羽次端斑棕黄色。虹膜褐色；喙偏黑色；脚巧克力色。

生态习性　喜开阔的山区森林及灌丛。典型的夜鹰式飞行，白天栖息于地面或横枝。为较常见的夜间活动的鸟类，黄昏时尤为活跃，不断在空中捕捉昆虫。

保护现状　无危（LC）。

分布范围　除新疆、青海外，见于各省份。

短嘴金丝燕 摄影/孟宪伟

（六）雨燕科 Apodidae

22. 短嘴金丝燕
Aerodramus brevirostris

形态特征 上体暗褐色，并缀以绿辉；尾略呈叉尾状，两翼长而钝。腰部无白斑，颜色有异，从浅褐色至偏灰色，下体浅褐色并具色稍深的纵纹。腿略覆羽。虹膜色深；喙黑色；脚黑色。

生态习性 结群快速飞行于开阔的高山峰脊。用唾液粘连苔藓等营巢材料，巢置于悬崖峭壁的岩隙处。常见数十个巢集结在相近的岩壁上。在全黑条件下依靠声波定位。

保护现状 近危（NT）。

分布范围 西藏东南部，山西，云南，四川东北部和中部，重庆，贵州北部，湖北西部，湖南，江苏，上海，浙江，广东，香港，广西，海南。

英文名：Himalayan Swiftlet
体　长：13~14cm

23. 白腰雨燕
Apus pacificus

英文名：Fork-tailed Swift
体　长：17~20cm

形态特征　通体污褐色。尾长且尾叉深，颏偏白色，腰上有白色斑。与小白腰雨燕的区别在于体大而色淡，喉色较深，腰部白色马鞍形斑较窄，体型较细长，尾叉开。虹膜深褐色；喙黑色；脚偏紫色。

生态习性　成群活动于开阔地区，常与其他雨燕混群。结群在悬崖峭壁裂缝中营巢。食物以昆虫为主。

保护现状　无危（LC）。

分布范围　新疆北部，西藏东部和南部，青海南部，黑龙江，吉林，辽宁，北京，天津，河北，河南，山东，山西，内蒙古，宁夏，江苏，上海，海南，陕西，甘肃，四川，云南，重庆，贵州，湖北，江西，浙江，福建，广东，香港，澳门，广西，台湾。

白腰雨燕　摄影/张卫民

小白腰雨燕 摄影/孟宪伟

24. 小白腰雨燕
Apus nipalensis

形态特征 通体偏黑色。额、头顶和头颈两侧呈暗褐色，背、尾上覆羽和尾羽表面亮黑褐色；喉及腰白色，下体余部黑褐色，无白色斑纹，尾为凹形，非叉形。胸和腹部略具金属光泽，两性相似。虹膜深褐色；喙黑色；脚黑褐色。

生态习性 成大群活动，在开阔地带的上空捕食，飞行平稳。营巢于屋檐下、悬崖或洞穴口。

保护现状 无危（LC）。

分布范围 山东，云南南部和西北部，四川，贵州，江苏，上海，浙江，福建，广东，香港，澳门，广西，海南，台湾。

英文名：House Swift
体　长：13~15cm

六、鹃形目
CUCULIFORMES

贵 州 宽 阔 水 鸟 类

褐翅鸦鹃 摄影/沈惠明

（七）杜鹃科 Cuculidae

25. 褐翅鸦鹃
Centropus sinensis

形态特征 成鸟除两翅及肩、肩内侧为栗色外，通体黑色，头至胸有紫蓝色及亮黑色的羽轴纹，胸至腹或有绿辉；尾羽具铜绿色反光，初级飞羽及外侧次级飞羽具暗晦色羽端。非繁殖羽上体羽干淡色，下体具横斑，很似幼鸟，但尾羽无横斑。虹膜成鸟赤红色，幼鸟灰蓝色至暗褐色；喙和脚均黑色。

生态习性 一般活动于低山坡、平原村边的灌木丛、竹丛、芒草丛、芦苇丛中，喜近有水源的地方。多在地面活动，栖息时也会到矮树杈上，早上和黄昏常见在芦苇顶上晒太阳。单个或成对活动，不结群。善走而拙于飞行。常成对隐蔽着鸣叫，鸣声单调、深沉，似"hum hum hum hum"之音，雌鸟在繁殖期亦会发出似母鸡的"咯咯"声。主要吃动物性食物。

英文名：Greater Coucal
体　长：47~56cm

保护现状 国家二级保护野生动物，无危（LC）。

分布范围 河南，四川，贵州南部，湖北，湖南，安徽南部，江西，浙江，福建，广东，香港，澳门，广西，云南西部和南部，海南。

26. 红翅凤头鹃
Clamator coromandus

形态特征 成鸟头顶包括羽冠、枕部及头侧黑色而具蓝辉；后颈白色，形成一个半领环；背、肩及翼上覆羽、最内侧次级飞羽黑色而具金属绿色亮辉；腰至近尾端黑色，具深蓝色亮辉；两翅栗色；颏至上胸淡红褐色；上胸以下至腹部白色；两胁及肛部苍褐色；尾下覆羽黑色，翼下覆羽淡红褐色。虹膜淡红褐色；喙黑色，下喙基部近淡土黄色，喙角略呈肉红色；脚铅褐色。

生态习性 一般在林木较多但较开阔的山坡、山脚或平原活动。单独或成对活动，常活跃于较暴露的树枝间。飞行力不强，快速而不持久。鸣声尖锐清晰，有点像"ku-ku-ku"之声，或三声或二声反复。食物为昆虫、野果等。

英文名：Red-winged Crested Cuckoo
体　长：38~46cm

保护现状 无危（LC）。

分布范围 北京，天津，河北，山东，河南，山西，陕西南部，甘肃，云南，四川东部，重庆，贵州，湖北，湖南，安徽，江西，江苏，上海，福建，广东，香港，澳门，广西，海南，台湾。

红翅凤头鹃　摄影／张卫民

27. 噪鹃

Eudynamys scolopacea

形态特征 喙、脚较粗壮；跗跖裸露无羽；尾羽基本等长。雄鸟通体亮蓝黑色；雌鸟为褐色满布白色点斑，下体杂以横斑。虹膜红色；喙浅绿色；脚蓝灰色。

生态习性 喜栖息于山地森林、丘陵或村边的疏林中，多隐蔽于大树顶层枝叶茂密的地方。借乌鸦、卷尾及黄鹂的巢产卵。食性比其他杜鹃杂，除觅食昆虫外，亦吃各种野果。

保护现状 无危（LC）。

分布范围 北京，河北，山东，河南，陕西南部，甘肃，西藏西部和南部，云南四川，重庆，贵州，湖北，湖南，安徽，江西，江苏，上海，浙江，福建，广东，香港，澳门，广西，台湾，海南。

英文名：Common Koel
体　长：39~46cm

噪鹃　摄影/张海波

噪鹃　摄影/吴忠荣

翠金鹃（雄） 摄影/匡中帆

28. 翠金鹃
Chrysococcyx maculatus

英文名： Asian Emerald Cuckoo
体　长： 15~17cm

翠金鹃（雌） 摄影/匡中帆

形态特征 羽色艳丽。两性下体均具显著横斑。雄鸟头、颈及上胸部、上体余部及两翅表面等辉绿色，具金铜色反光；尾羽绿色而杂以蓝色，外侧尾羽具白色羽端；下体自胸以下白色而具辉铜绿色横斑。雌鸟头顶及项棕栗色；上体余部及翅表辉铜绿色；尾羽色稍暗；下体白色，颏、喉处具狭形黑色横斑和宽形的、呈辉绿色的淡黑色横斑；尾下覆羽以栗色及黑色为主。虹膜淡红褐至绯红色，眼圈绯红色；喙亮橙黄色，尖端黑色；脚暗褐绿色。

生态习性 非繁殖期通常见于山区低处茂密的常绿林，觅食于高树顶部叶子稠密的枝杈间，不易发现。繁殖期活动于山上灌木丛间。食物几乎全为昆虫。

保护现状 近危（NT）。

分布范围 云南西南部，四川，重庆，贵州，湖北西部，湖南，广东，广西，海南。

29. 八声杜鹃
Cacomantis merulinus

英文名：Plaintive Cuckoo
体　长：39~46cm

形态特征　成鸟头、颈及上胸灰色；背至尾上覆羽暗灰色；肩及两翅表面褐色而具青铜色反光，外侧翼上覆羽杂以白色横斑。尾淡黑色，具白色羽端。下体自下胸以下及翼下覆羽均淡棕栗色。雌鸟上体为褐色和栗色横斑相间状；颏、喉和胸等均淡栗色，布以褐色狭形横斑；下体余部近白色，具极狭形的暗灰色横斑。虹膜红褐色；喙褐色；脚苍黄色。肝色型雌鸟虹膜围以灰色和黄色；脚深黄色。

生态习性　每年较早出现的夏候鸟之一。常栖息于村边、果园、公园及庭院的树木。较活跃，常不断地在枝杈来来往往地转移，鸣声尖锐似"ka~pie"的八声一度。食物主要为昆虫，尤以毛虫为最多。

保护现状　无危（LC）。

分布范围　陕西南部，西藏东南部，云南，四川西南部，贵州，湖南，江西，浙江，福建，广东，香港，澳门，广西，海南，台湾。

八声杜鹃　摄影/孟宪伟

乌鹃 摄影/匡中帆

30. 乌鹃

Surniculus lugubris

形态特征 通体黑蓝色，尾羽略呈叉状，最外侧一对尾羽及尾下覆羽具白色横斑。幼鸟具不规则的白色点斑。雄鸟虹膜褐色，雌鸟虹膜黄色；喙黑色；脚蓝灰色。

生态习性 栖息于林缘以及平原较稀疏的林木间，有时也停息于田坝间的电线上。飞行时一沉一浮地波浪前进，急迫时也作快速直线飞行。鸣声多为6声一度，音似"pi pi pi……"的吹箫声，有时也有"wi-whip"的音声。食物主要为毛虫及其他柔软昆虫，也在枝头上啄食部分野果、种子。

英文名：Drongo Cuckoo
体　长：24~28cm

保护现状 无危（LC）。

分布范围 河北，陕西，西藏东南部，云南，四川北部，重庆，贵州，湖北，江西，江苏，浙江，福建，广东，澳门，广西，海南。

31. 大鹰鹃
Hierococcyx sparverioides

英文名：Large Hawk Cuckoo
体　长：38~42cm

形态特征　通体灰褐色的鹰样杜鹃。尾端白色；胸棕色，具白色及灰色斑纹；腹部具白色及褐色横斑而染棕；颏黑色。亚成鸟上体褐色带棕色横斑；下体皮黄色而具近黑色纵纹。虹膜橘黄色；上喙黑色，下喙黄绿色；脚浅黄色。

生态习性　多单独活动于山林中的高大乔木上，有时亦见于近山平原。喜隐蔽于枝叶间鸣叫，叫声似"贵贵－阳，贵贵－阳"，先是比较温柔的低音调，随后逐渐增大，音调高吭，终日鸣叫不休，甚至夜间也可以听到它的叫声。食物以昆虫为主。

保护现状　无危（LC）。

分布范围　北京，河北北部，山东，河南南部，山西，陕西南部，内蒙古，甘肃东南部，西藏，云南，四川，重庆，贵州，湖北，湖南，安徽，江西，江苏，上海，浙江，广东，香港，澳门，广西，海南，台湾。

大鹰鹃　摄影/郭轩

棕腹鹰鹃 摄影/张卫民

32. 棕腹鹰鹃
Hierococcyx nisicolor

英文名：Whistling Hawk Cuckoo

体　长：28~30cm

形态特征　通体青灰色。尾具黑褐色横斑，胸棕色。比大鹰鹃小，与其他鹰鹃区别在上体青灰色，头侧灰色，无髭纹（幼鸟除外），腹白色。枕部具白色条带，颏黑而喉偏白色，尾羽具棕色狭边。虹膜红色或黄色；喙黑色，基部及喙端黄色；脚黄色。

生态习性　多单独活动于常绿阔叶林、针叶林或山地灌木林中，性隐蔽，不易发现。喜在高树上鸣叫，叫声似"zhi-wi, zhi-wi"，其声尖锐而轻，反复鸣叫10余次方停歇一次。以昆虫，尤其是鳞翅目幼虫为主要食物，也吃少量野果。

保护现状　无危（LC）。

分布范围　山东，陕西，云南南部，四川，重庆，贵州，湖北，湖南，安徽，江西，江苏南部，上海，福建，广东，香港，广西，海南。

33. 四声杜鹃
Cuculus micropterus

英文名：Indian Cuckoo
体　长：30~34cm

形态特征　尾灰色并具黑色次端斑，灰色头部与深灰色的背部成对比。鸣声为四声一度，似"光棍好过"。雌鸟较雄鸟多褐色。亚成鸟头及上背具偏白色的皮黄色鳞状斑纹。虹膜红褐色；眼圈黄色；上喙黑色，下喙偏绿色；脚黄色。

生态习性　栖息于平川树林间和山麓平原地带林间，尤其在混交林、阔叶林及疏林地带活动较多。游动性活动较多，无固定的居留地。性机警，受惊后迅速飞起。飞行速度较快，每次飞翔距离亦较远。

保护现状　无危（LC）。

分布范围　除新疆、西藏、青海外，见于各省份。

四声杜鹃　摄影/张卫民

大杜鹃 摄影/沈惠明

34. 大杜鹃
Cuculus canorus

英文名：Common Cuckoo
体　长：30~35cm

形态特征　翅形尖长；翅弯处翅缘白色，具褐色横斑；尾无近端黑斑而具狭窄白端；腹部具细而密的暗褐色横斑。上体灰色，尾偏黑色，腹部近白色而具黑色横斑。棕红色变异型雌鸟背部具黑色横斑。幼鸟枕部有白色块斑。虹膜及眼圈黄色；上喙为深色，下喙为黄色；脚黄色。

生态习性　多单独或成对活动。在山区树林及平原的树上或电线上常可见到，不似其他杜鹃那样隐匿。鸣声为"布谷"，2声一度。

保护现状　无危（LC）。

分布范围　见于各省份。

35. 中杜鹃
Cuculus saturatus

英文名：Himalayan Cuckoo
体　长：30~34cm

形态特征　雄鸟及灰色雌鸟胸及上体灰色，尾纯黑灰色而无斑，下体皮黄色具黑色横斑。亚成鸟及棕色型雌鸟上体棕褐色且密布黑色横斑，近白色的下体具黑色横斑直至颏部。眼圈黄色。虹膜红褐色；喙角质色；脚橘黄色。

生态习性　性较隐蔽而不常见，更喜栖息于茂密的山地森林。鸣声似"布谷谷谷"的双连音，第一个音节的音调较高，声音响亮。食物与大杜鹃相似，嗜食毛虫。

保护现状　无危（LC）。

分布范围　北京，天津，河北，山东，山西，陕西，内蒙古，云南，四川，重庆，贵州，湖北，湖南，安徽，江西，江苏，上海、浙江，福建，广东，香港，澳门，广西，海南。

中杜鹃　摄影／匡中帆

小杜鹃 摄影／匡中帆

36. 小杜鹃
Cuculus poliocephalus

英文名：Lesser Cuckoo
体　长：24~26cm

形态特征　上体灰色，头、颈及上胸浅灰色。翅缘多呈灰色，白斑不显著；腹部横斑较粗且较稀疏。下胸及下体余部白色具清晰的黑色横斑，臀部沾皮黄色。尾灰色，无横斑但端具白色窄边。雌鸟似雄鸟但也具棕红色变型，全身具黑色条纹。眼圈黄色。虹膜褐色；喙黄色，端黑；脚黄色。

生态习性　常单个活动于乔木林中、上层，喜隐匿于茂密的枝叶中。以昆虫为主要食物。

保护现状　无危（LC）。

分布范围　除宁夏、新疆、青海外，见于各省份。

七、鹤形目
GRUIFORMES

贵 州 宽 阔 水 鸟 类

红胸田鸡 摄影/张海波

（八）秧鸡科 Rallidae

37. 红胸田鸡
Zapornia fusca

形态特征 上体橄榄褐色，颏、喉白色，头、胸栗红色，下腹、两胁和尾下覆羽褐色，具白色横斑纹。枕、背至尾上覆羽暗橄榄褐色，飞羽及尾羽暗褐色。腹灰褐色；尾下覆羽具白色横斑纹。两胁暗橄榄灰褐色。雌鸟胸部栗红色较淡，喉白色。虹膜红色；喙暗褐色，下喙基部带有紫色；脚橘红色。

生态习性 栖息于芦苇沼泽地、湖边、溪流、沟渠的草丛及池塘和稻田。性胆怯，善游泳，常在晨昏活动。飞行快速。杂食性，吃软体动物、水生昆虫及其幼虫、水生植物的嫩枝和种子以及稻秧等。大多在隐蔽处觅食。

英文名：Ruddy-breasted Crake
体　长：19~23cm

保护现状 近危（NT）。

分布范围 云南，黑龙江，吉林，辽宁，北京，天津，河北，山东，河南，山西，陕西，内蒙古，甘肃，四川，重庆，贵州，湖北，湖南，安徽，江西，江苏，上海，浙江，福建，广东，香港，澳门，广西，海南，台湾。

38. 白胸苦恶鸟
Amaurornis phoenicurus

英文名：White-breasted Waterhen
体　长：28~35cm

形态特征　通体深青灰色及白色。头顶及上体灰色，脸、额、胸及上腹部白色，下腹及尾下棕色。喙基稍隆起，但不形成额甲。虹膜红色；喙偏绿色，喙基红色；脚黄色。

生态习性　通常单个活动，偶尔二三成群，于湿润的灌丛、湖边、河滩、红树林及旷野走动找食。多在开阔地带进食，因而较其他秧鸡类常见。

保护现状　无危（LC）。

分布范围　黑龙江，吉林，北京，天津，河北，山东，河南，山西，陕西南部，宁夏，甘肃，西藏东南部，青海，云南，四川，重庆，贵州，湖北，湖南，安徽，江西，江苏，上海，浙江，福建，广东，香港，澳门，广西，海南，台湾。

白胸苦恶鸟　摄影/张卫民

黑水鸡 摄影/张海波

39. 黑水鸡
Gallinula chloropus

英文名：Common Moorhen

体　长：24~35cm

形态特征　通体大致黑色。尾下覆羽两侧白色，中间黑色。胫跗关节上方具红色环带。两性相似，雌鸟稍小。胫的裸出部前方和两侧橙红色，后面暗红褐色。跗跖前面黄绿色，后面及趾石板绿色。虹膜红色；喙黄绿色，上喙基至额甲鲜红色，额甲端部圆形；爪黄褐色。

生态习性　栖息于有挺水植物的淡水湿地、水域附近的芦苇丛、灌木丛、草丛、沼泽和稻田中。喜有树木或挺水植物遮蔽的水域。不善飞翔，飞行缓慢。杂食性。

保护现状　无危（LC）。

分布范围　见于各省份。

40. 白骨顶
Fulica atra

英文名：	Common Coot
体　长：	36~41cm

形态特征　头和颈纯黑色，辉亮，余部灰黑色，具白色额甲，端部钝圆，趾间具瓣蹼。两性相似，雌鸟额甲较小。内侧飞羽羽端白色，形成明显的白色翼斑。虹膜红褐色；喙端灰色，基部淡肉红色；腿、脚、趾及瓣蹼橄榄绿色。

生态习性　栖息于有水生植物的大面积静水或近海的水域，如湖泊、水库、苇塘、河坝、灌渠、河湾、沼泽地，常成群活动，在迁徙或越冬时，则集成数百只的大群。善游泳，能潜水捕食小鱼和水草。杂食性，但主要以植物为食，其中以水生植物的嫩芽、叶、根、茎为主，也吃昆虫、蠕虫、软体动物等。

保护现状　无危（LC）。

分布范围　见于各省份。

白骨顶　摄影/孟宪伟

八、鹈形目
PELECANIFORMES

贵 州 宽 阔 水 鸟 类

栗苇鳽 摄影/匡中帆

（九）鹭科 Ardeidae

41. 栗苇鳽

Ixobrychus cinnamomeus

形态特征 雄鸟上体栗红色；下体栗黄色杂以少量黑棕羽；喉白色，中有栗黄斑与黑斑相杂的纵纹；肛周及尾下覆羽白色。雌鸟头顶棕黑色；上体栗棕色；下体棕黄色，杂以黑褐色纵纹。虹膜橙黄色，眼先裸部绿黄色；喙黄色，喙峰黑褐色；跗跖及趾绿褐色。

生态习性 栖息于低海拔的芦苇丛、沼泽草地及滩涂。在贵州可分布至海拔350~1000m。常单独或少数几只在稻田中或池塘、河坝附近活动。以小鱼、蛙类和昆虫为食，兼食植物种子。

英文名：Cinnamon Bittern

体　长：31~41cm

保护现状 无危（LC）。

分布范围 辽宁，北京，河北，山东，河南，山西，陕西南部，内蒙古南部，云南，四川，贵州，湖北，湖南，安徽，江西，江苏，浙江，上海，福建，广东，香港，澳门，广西，海南，台湾。

42. 夜鹭
Nycticorax nycticorax

英文名：Black-crowned Night Heron

体　长：58~65cm

形态特征　头大、体壮。成鸟额至背包括两肩均为黑色，有绿色金属光泽。额基部和眉纹白色，颈项有3枚长带状的白羽；上体其余部分灰色，下体白色，胸部及两胁沾灰色。亚成鸟上体暗褐色，额至枕部淡褐色，具棕白色羽干纹，翼上覆羽、飞羽灰褐色，有白色点状斑。下体白色而密布灰褐色纵纹，尾下覆羽白色。亚成鸟虹膜黄色，成鸟鲜红色；喙黑色；脚污黄色。

生态习性　栖息于水稻田、湖泊或溪流边，黄昏时鸟群分散进食，发出深沉的呱呱叫声。取食于稻田、草地及水渠两旁。结群营巢于水上悬枝，甚喧哗。

保护现状　无危（LC）。

分布范围　见于各省份。

夜鹭（幼）　摄影／吴忠荣

夜鹭（成）　摄影／吴忠荣

43. 池鹭
Ardeola bacchus

英文名：Chinese Pond Heron
体　长：40~50cm

形态特征　翼白色，身体具褐色纵纹，成鸟（繁殖羽）头颈部深栗色，背被黑色发状蓑羽，肩羽赭褐色，前胸具栗红色、黑色和赭褐色相杂的矛状长羽，余部体羽白色。幼鸟头、颈和前胸满布黄色和黑色相间的纵纹，背羽赭褐色。虹膜褐色；喙黄色；腿及脚绿灰色。

生态习性　栖息于稻田或其他漫水地带，单独或成分散小群进食。每晚二三成群飞回群栖处，飞行时振翼缓慢，翼显短。与其他水鸟混群营巢。以青蛙、鱼、泥鳅为主食。

保护现状　无危（LC）。

分布范围　见于各省份。

池鹭／摄影／张海波

牛背鹭(繁殖羽) 摄影/张海波

44. 牛背鹭
Bubulcus coromandus

英文名：Cattle Egret
体　长：40~50cm

牛背鹭(非繁殖羽) 摄影/吴忠荣

形态特征　体型与白鹭相似，但喙呈黄色。繁殖羽头、颈、胸和背上蓑羽橙黄色；非繁殖羽全身羽毛白色、头顶和后颈或多或少渲染黄色。与其他鹭的区别在于体型较粗壮，颈较短而头圆，喙较短厚。虹膜黄色；喙黄色；脚暗黄色至近黑色。

生态习性　与家畜，尤其水牛关系密切，捕食其从草地上引来或惊起的苍蝇。傍晚小群列队低飞过有水地区回到群栖地点，集群营巢于水上方。

保护现状　无危（LC）。

分布范围　除宁夏、新疆外，见于各省份。

45. 苍鹭
Ardea cinerea

英文名：Grey Heron
体　长：80~110cm

形态特征　通体白色、灰色及黑色，为鹭类中体型最大者。喙长而尖；颈细长；脚长；体羽主要呈青灰色。成鸟过眼纹及冠羽黑色，飞羽、翼角及两道胸斑黑色，头、颈、胸及背白色，颈具黑色纵纹，余部灰色。幼鸟的头及颈灰色较重，但无黑色。虹膜黄色；喙黄绿色；脚偏黑色。

生态习性　性孤僻，在浅水中捕食。冬季有时成大群。飞行时翼显沉重。停栖于树上。食物以鱼类为主。

保护现状　无危（LC）。

分布范围　见于各省份。

苍鹭 摄影／张海波

大白鹭 摄影/吴忠荣

46. 大白鹭
Ardea alba

英文名：Great Egret
体　长：90~100cm

形态特征　白色鹭类中体型最大者。喙较厚垂，颈部具特别的扭结。繁殖羽眼周裸露皮肤蓝绿色，后背部具丝状饰羽，颈部下方和胸部也有较短的丝状饰羽。繁殖羽喙黑色；腿部裸露皮肤红色；跗跖黑色。非繁殖羽眼周裸露皮肤黄色；虹膜黄色；喙黄色尖端通常色深；跗跖和腿部黑色。

生态习性　一般单独或成小群，在湿润或漫水的地带活动。站姿甚高直，从上方往下刺戳猎物。飞行优雅，振翅缓慢有力。常单只或小群活动，偶尔见多达300只的繁殖群。

保护现状　无危（LC）。

分布范围　吉林，辽宁，北京，天津，河北，山东，河南，内蒙古东部，西藏南部，云南，贵州，湖北，湖南，安徽，江西，江苏，上海，浙江，福建，广东，香港，澳门，广西，海南，台湾。

47. 白鹭
Egretta garzetta

英文名：Little Egret

体　长：54~68cm

形态特征　通体白色，体态纤瘦而较小。繁殖羽枕部着生两枚带状长羽，垂于后颈，形若双辫；背和前胸均被蓑羽。与牛背鹭的区别在体型较大而纤瘦，喙及腿黑色，趾黄色，脸部裸露皮肤黄绿色，繁殖羽淡粉色。虹膜黄色；喙黑色；腿及脚黑色，趾黄色。

生态习性　主要栖息于稻田、村寨附近的乔木林和竹林，喜在稻田、河岸、沙滩、泥滩及沿海小溪流中觅食。成散群进食，常与其他种类混群。食物以膜翅目昆虫和虾、鱼、蛙等为主。

保护现状　无危（LC）。

分布范围　见于各省份。

白鹭　摄影/张海波

九、鸻形目
CHARADRIIFORMES

贵州宽阔水鸟类

灰头麦鸡 摄影/李毅

（十）鸻科 Charadriidae

48. 灰头麦鸡
Vanellus cinereus

英文名：Grey-headed Lapwing
体　长：34~37cm

形态特征　亮丽的黑色、白色及灰色麦鸡。眼先具黄色肉垂；头和颈灰褐色，背羽淡赭褐色。尾上覆羽及尾羽白色，尾羽具宽阔的黑色次端斑；初级飞羽黑色，次级飞羽白色；颏、喉及胸灰褐色，胸以下缘以黑褐色，形成半圆形胸斑；下体余部均白色。虹膜褐色；喙黄色，端黑色；脚黄色。

生态习性　多单个或结小群活动于水田、耕地、河畔或山中池塘畔，迁飞时常10余只结群。以昆虫、草籽和植物为食。

保护现状　无危（LC）。

分布范围　除新疆以外，见于各省份。

49. 金眶鸻
Charadrius dubius

英文名：Little Ringed Plover
体　长：15~18cm

形态特征　体小的黑色、灰色及白色鸻。额基、眼先，经颊至耳羽黑褐色；头顶前部以及围绕着上背与上胸的领环均为黑色，黑领前方更具一道白领；额、眉纹、颏、喉及颈侧均为白色；上体余部沙褐色。初级飞羽和初级覆羽黑褐色。飞行时翼上无白色横纹，下体余部白色。虹膜褐色；喙灰色；腿黄色。

生态习性　通常出现在沿海溪流及河流的沙洲，也见于沼泽地带及沿海滩涂；有时见于内陆。

保护现状　无危（LC）。

分布范围　见于各省份。

金眶鸻　摄影／孟宪伟

丘鹬 摄影/王天治

（十一）鹬科 Scoiopacidae

50. 丘鹬
Scolopax rusticola

英文名：Eurasian Woodcock
体　长：33~38cm

形态特征　体大而肥胖，喙细长而直。两眼位于头的后部，耳孔位于眼眶下方；头顶和后枕具黑色带斑；胫部全被羽。虹膜褐色；喙基部偏粉色，端黑色；脚粉灰色。

生态习性　夜行性的森林鸟。白天隐蔽，伏于地面，夜晚飞至开阔地进食，常见单个，偶尔成对。主以绿色植物及植物种子为食，也食蚯蚓、泽蛙、蜗牛、蚂蟥、昆虫及螺等动物。

保护现状　无危（LC）。

分布范围　见于各省份。

51. 矶鹬
Actitis hypoleucos

英文名：Common Sandpiper
体　长：33~38cm

形态特征　通体褐色及白色。头和上体橄榄褐色，带有古铜色光泽，头、上颈、背和肩具黑色轴纹，背和肩羽端具黑褐色横斑，横斑下镶灰黄色边；翼上覆羽色同背部，而横斑较有规律，大覆羽末端有宽阔白边；翼下具黑色及白色横纹；翼不及尾。下体白色，胸侧具褐灰色斑块。虹膜褐色；喙深灰色；脚浅橄榄绿色。

生态习性　性活跃，活动于不同的栖息生境，从沿海滩涂和沙洲至海拔1500m的山地稻田及溪流、河流两岸。行走时头不停地点动，并具两翼僵直滑翔的特殊姿势。以水生昆虫等为食。

保护现状　无危（LC）。

分布范围　见于各省份。

矶鹬　摄影/郭轩

52. 白腰草鹬
Tringa ochropus

形态特征 整体深绿褐色的矮壮型鹬类。白色眉纹短，未过眼后。颏和喉部白色，腹部及臀白色。飞行时，白色腰部显著，尾白色，端部具黑色横斑，两翼及下背几乎全黑色，脚伸至尾后。虹膜褐色；喙暗橄榄色；脚和趾橄榄绿色。

生态习性 常单独活动，喜水库、溪河岸、水田、池塘、沼泽地及沟壑。以虾类和水生昆虫为食物。受惊时起飞，像沙锥而呈锯齿形飞行。

保护现状 无危（LC）。

分布范围 见于各省份。

英文名：Green Sandpiper
体　长：21~24cm

白腰草鹬　摄影／匡中帆

红嘴鸥　摄影/匡中帆

（十二）鸥科 Laridae

53. 红嘴鸥
Chroicocephalus ridibundus

英文名：Black-headed Gull
体　长：36~42cm

形态特征　通体灰白色。非繁殖羽眼后具黑色点斑，眼周前黑色；背、腰和两翼表面灰色，尾上覆羽、尾羽及下体均纯白色。翼前缘白色，翼尖黑色，第一冬鸟尾部近尖端有黑色横带，身体羽毛夹杂褐色斑。繁殖羽头部具深褐色的头罩并伸至顶后至后颈。虹膜褐色；喙红色，亚成鸟的喙尖黑色；脚红色，亚成鸟的颜色较淡。

生态习性　停栖于水面或地上，在水域内飞翔或在水中游弋。以鱼类、昆虫、蚯蚓等为食。有迁徙习性。

保护现状　无危（LC）。

分布范围　见于各省份。

十、鸮形目
STRIGIFORMES

贵 州 宽 阔 水 鸟 类

领鸺鹠 摄影/孟宪伟

（十三）鸱鸮科 Strigidae

54. 领鸺鹠
Glaucidium brodiei

英文名：Collared Owlet
体　长：36~42cm

形态特征　有褐色型和棕色型两个色型。后颈具棕黄色或皮黄色领斑；上体暗褐色具皮黄色横斑或呈棕红色而具黑褐色横斑；颏、下喉纯白色，上喉具一杂有白色点斑的暗褐色或棕红色横斑，并一直延伸至颈侧；胸中央纯白色；腹部白色，具暗褐色或棕红色纵纹。眼黄色，无耳羽簇，大腿及臀白色具褐色纵纹。颈背有橘黄色和黑色的假眼。虹膜黄色；喙角质色；脚灰色。

保护现状　国家二级保护野生动物，CITES 附录 II，无危（LC）。

生态习性　见于针阔混交林和常绿阔叶林中。不惧阳光，白天也活动觅食，能在阳光下自由飞翔。晚上常整夜鸣叫。食物以昆虫为主，有时也食鼠类及小鸟。

分布范围　河南南部，陕西南部，甘肃南部，西藏东南部，云南，四川，重庆，贵州，湖北，湖南，安徽，江西，江苏，上海，浙江，福建，广东，澳门，广西，海南，台湾。

55. 斑头鸺鹠
Glaucidium cuculoides

形态特征 通体遍具棕褐色横斑。后颈无领斑；上体暗褐色或棕褐色，具皮黄色或棕黄色横斑；飞羽和尾羽暗褐色，具黄白色横斑；颏白色；喉具白斑；胸部褐色或棕褐色，具黄白色横斑；腹白色，具褐色或棕褐色纵纹。无耳羽簇。虹膜黄褐色；喙偏绿色而端黄色；脚绿黄色。

生态习性 多栖息于耕作地边和居民点的乔木树上或电线上，有时也见于竹林中。多单个活动，白天也能见到。食性较广，包括昆虫、蛙类、蜥蜴类、小鸟及小型哺乳类。

保护现状 国家二级保护野生动物，CITES 附录 II，无危（LC）。

英文名：Asian Barred Owlet
体　长：22~26cm

分布范围 西藏东南部，海南，北京，河北，山东，河南，陕西，云南，四川，重庆，贵州，湖北，湖南，安徽，江西，江苏，上海，浙江，福建，广东，香港，澳门，广西。

斑头鸺鹠　摄影/张卫民

领角鸮 摄影/黄吉红

56. 领角鸮
Otus lettia

英文名：Collared Scops Owl
体　长：23~25cm

形态特征　通体偏灰色或偏褐色。颈基部有显著的翎领，上体羽毛灰褐色或沙褐色，并杂以暗色虫蠹纹和黑色羽干纹，前额及眉纹呈浅皮黄色或近白色；下体白色或皮黄色而缀以淡褐色波状横斑及黑褐色羽干纹。有些亚种披羽至趾，有的趾部裸出。颔和喉白色，上喉有一圈皱领，微沾棕色。虹膜黄色；喙角沾绿色，先端较暗；爪角黄色。

生态习性　夜行性鸟类，白天大都躲藏在具浓密枝叶的树冠上，或其他阴暗的地方。夜晚常不断鸣叫。主要以鼠类、小鸟及昆虫为食。

保护现状　国家二级保护野生动物，CITES 附录 II，无危（LC）。

分布范围　河南，山西，云南，四川，重庆，贵州，湖北，湖南，安徽，江西，江苏，上海，浙江，福建，广东，香港，澳门，广西，台湾，西藏东南部，海南。

57. 红角鸮
Otus sunia

英文名：Oriental Scops Owl
体　长：17~21cm

形态特征　两性相似。头上有耳簇羽，竖起时十分显著。上体包括两翅及尾的表面灰褐色，满布黑褐色虫蠹状细斑，头顶至背部杂以棕白色斑点；尾羽与背部同色，有不完整的棕色横斑；面盘灰褐色，密杂以纤细黑色斑纹；眼先白色；颏棕白色，下体余部灰白色。虹膜黄色；喙暗绿色，下喙先端近黄色；趾肉灰色，爪暗角色。

生态习性　常栖息于靠近水源的河谷森林里，白天潜伏于林中，不甚活动，也不鸣叫，直到夜间才出来活动，飞行迅速有力。食物以昆虫及其他无脊椎动物为主，也食两栖和爬行动物、小鸟和果实等。

保护现状　国家二级保护野生动物，CITES 附录 II，无危（LC）。

分布范围　除新疆、西藏、青海外，见于各省份。

红角鸮　摄影／董文晓

短耳鸮 摄影/匡中帆

58. 短耳鸮
Asio flammeus

英文名：Short-eared Owl
体　长：17~21cm

形态特征　面盘明显；头顶两侧耳羽簇极不明显，上体棕黄色或皮黄色，具显著的黑褐色纵纹，下体棕黄色或白色，胸部暗褐色纵纹，腹部则较细狭；跗跖及趾全被羽。飞行时黑色的腕斑明显。虹膜黄色；喙深灰色；脚偏白色。

生态习性　平时栖息于草丛中，在平原及沼泽地带有时也可见到，能在白天活动。食物主要为鼠类，也食小鸟及昆虫。

保护现状　国家二级保护野生动物，CITES 附录 II，近危（NT）。

分布范围　见于各省份。

59. 灰林鸮
Strix nivicolum

英文名：Himalayan Owl

体　长：37~40cm

形态特征　通体偏褐色。无耳羽簇。额至后颈黑色，具不规则的棕色斑点；上背至尾上覆羽呈暗褐色，羽缘橙棕色，并杂以黑褐色杂斑及纵纹。外侧肩羽和大覆羽具有大片棕白色或白色斑，飞羽暗褐色。眼先和眼上方灰白色，具黑褐色羽干纹和羽端，向后延伸为白色杂褐色的眉纹，面盘橙棕色、暗褐色、棕色、白色相杂，下喉部白色。虹膜深褐色；喙和脚黄色。

生态习性　成对或单个，白天潜伏在阔叶林或针阔混交林中，隐匿睡觉。夜行性，在树洞营巢。食物主要为鼠类。

保护现状　国家二级保护野生动物，CITES 附录 II，近危（NT）。

分布范围　吉林，辽宁，北京，天津，河北，山东，河南，陕西，西藏东南部，云南，四川，重庆，贵州，湖北，湖南，安徽，江西，江苏，上海，福建，广东，香港，广西，台湾。

灰林鸮　摄影/张海波

黄腿渔鸮 摄影/杨雄威

60. 黄腿渔鸮
Ketupa flavipes

英文名：Tawny Fish Owl
体　长：48~55cm

形态特征　上体自额至尾上覆羽，包括两肩等均为橙棕色，具宽黑褐色羽干纹；除头、颈和上背外，其余各羽的两翈还具淡褐色波状横斑；两翼黑褐色，具橙棕色横斑，飞羽和大覆羽末端棕白色，尾羽黑褐色，各羽具有"V"形橙棕色或棕白色斑和端斑；眉纹黑色，耳羽簇有橙棕色羽轴纹，具蓬松的白色喉斑。虹膜黄色；喙角质黑色；脚偏灰色。

生态习性　常单个栖息于山区茂密森林的溪流畔，夜间捕食鱼类等。

保护现状　国家二级保护野生动物，濒危（EN）。

分布范围　河南，云南，四川，重庆，贵州，湖北，湖南，安徽，江西，江苏，上海，浙江，福建，广东，广西，台湾。

十一、鹰形目
ACCIPITRIFORMES

贵 州 宽 阔 水 鸟 类

鹗 摄影/孟宪伟

（十四）鹗科 Pandionidae

61. 鹗
Pandion haliaetus

英文名： Osprey
体　长： 56~62cm

形态特征　通体褐色、黑色及白色。前额至头顶白色而具黑色纵纹，上体余部暗褐色，具黑色贯眼纹；下体羽白色，胸部具棕褐色条纹，形成胸带；尾羽棕褐色具淡棕白色横斑。两性相似。虹膜黄色；喙黑色；脚灰色。

生态习性　捕鱼之鹰，从水上悬枝深扎入水捕食猎物，或在水上缓慢盘旋或振羽停在空中然后扎入水中。

保护现状　国家二级保护野生动物，近危（NT）。

分布范围　见于各省份。

凤头蜂鹰 摄影/郭轩

（十五）鹰科 Accipitridae

62. 凤头蜂鹰
Pernis ptilorhyncus

形态特征 凤头或有或无。有浅色、中间色及深色型。上体由白色至赤褐色或深褐色，下体满布点斑及横纹，尾具不规则横纹。所有色型均具对比性浅色喉块，缘有浓密的黑色纵纹，并常具黑色中线。飞行时特征为头相对小而颈显长，两翼及尾均狭长。近看时眼先羽呈鳞状为本种特征。虹膜橘黄色；喙灰色；脚黄色。

生态习性 栖息于稀疏的针叶林及针叶阔叶混交林中。单独活动，飞行灵活，边飞边叫。主要捕食蜂类。

保护现状 国家二级保护野生动物，CITES 附录 II，近危（NT）。

分布范围 见于各省份。

英文名：Oriental Honey Buzzard
体　长：57~61cm

63. 黑冠鹃隼
Aviceda leuphotes

英文名：Black Baza

体　长：28~35cm

形态特征　上体主要呈亮黑色，后枕具长形黑色冠羽，形如辫子；肩羽白色，端部黑色；飞羽外渲染栗红色。上胸领斑白色，下胸和腹部具暗栗色横斑。两翼短圆，飞行时可见黑色衬，翼灰色而端黑色。虹膜红色；喙角质色，上喙侧缘具双齿突，蜡膜灰色；脚深灰色。

生态习性　栖息于热带和亚热带湿性常绿阔叶林中，生活在高山顶及丘陵地带。多单个或成对活动，捕食昆虫和小动物。

保护现状　国家二级保护野生动物，CITES 附录 II，无危（LC）。

分布范围　山东，河南南部，云南南部，贵州，湖北，湖南，安徽，江西，江苏，上海，浙江，福建，广东，香港，澳门，广西，台湾，陕西，甘肃，西藏南部，四川，重庆，海南。

黑冠鹃隼　摄影/孟宪伟

64. 蛇雕
Spilornis cheela

英文名：Crested Serpent Eagle
体　长：50~75cm

形态特征　成鸟后枕部具短形冠羽；头顶黑色，上体几纯暗褐色；下体淡褐色，满布暗褐色横纹，腹部具白色点斑；尾羽呈黑褐色，近端具一道宽阔的淡褐色带斑。黑白两色的冠羽短宽而蓬松，眼及喙间黄色的裸露部分是为本种特征。飞行时的特征为尾部宽阔的白色横斑及白色的翼后缘。亚成鸟似成鸟但褐色较浓，体羽多白色。虹膜黄色；喙灰褐色；脚黄色。

生态习性　常于森林或人工林上空盘旋，成对互相召唤。常栖息于森林有阴的大树枝上监视地面或翱翔于空中，捕食蛇类及其他爬行动物、小型兽类和鸟类。

保护现状　国家二级保护野生动物，CITES附录Ⅱ，近危（NT）。

分布范围　西藏东南部，云南西南部和南部，黑龙江，辽宁，北京，河南南部，陕西南部，四川，贵州，安徽，江西，江苏，浙江，福建，广东，香港，澳门，广西，海南，台湾。

蛇雕　摄影/郭轩

白腹隼雕 摄影/孟宪伟

65. 白腹隼雕
Aquila fasciata

英文名：Bonelli's Eagle
体　长：55~67cm

形态特征 成鸟翼尖深色，两翼及尾具细小横斑，剪影特征为两翼宽圆而略短，尾形长，色浅并具黑色端带；翼下覆羽色深，具浅色的前缘；胸部色浅而具深色纵纹。成鸟飞行时上背具白色块斑。幼鸟翼具黑色后缘，沿大覆羽有深色横纹，其余覆羽色浅。上体大致褐色，头部皮黄色具深色纵纹，脸侧略暗。飞行时两翼平端。虹膜黄褐色；喙灰色，蜡膜黄色；脚黄色。

生态习性 栖息于开阔山区。常成对作高空翱翔。振翼快。

保护现状 国家二级保护野生动物，CITES附录II，易危（VU）。

分布范围 辽宁，北京，河北，河南，陕西，云南东部，四川，重庆，贵州，湖北，江西，江苏，上海，浙江，福建，广东，香港，澳门，广西，海南。

66. 凤头鹰
Accipiter trivirgatus

英文名：Crested Goshawk
体　长：40~48cm

形态特征　具短羽冠。成年雄鸟上体灰褐色，两翼及尾具横斑，下体棕色，胸部具白色纵纹，腹部及大腿白色具近黑色粗横斑，颈白色，近黑色纵纹至喉，具两道黑色髭纹。亚成鸟及雌鸟下体纵纹及横斑均为褐色，上体褐色较淡。飞行时两翼显得比其他的同属鹰类较为短圆。虹膜亚成鸟褐色，成鸟绿黄色；喙灰色，蜡膜黄色；腿及脚黄色。

生态习性　栖息于有密林覆盖处。繁殖期常在森林上空翱翔，同时发出响亮叫声。

保护现状　国家二级保护野生动物，CITES 附录 II，近危（NT）。

分布范围　北京，河南，陕西南部，西藏南部，云南，四川，重庆，贵州，湖北，湖南，安徽，江西，江苏，上海，浙江，福建，广东，香港，澳门，广西，海南，台湾。

凤头鹰　摄影/孟宪伟

赤腹鹰 摄影/孟宪伟

67. 赤腹鹰
Accipiter soloensis

形态特征 成鸟上体淡蓝灰色,背部羽尖略具白色,外侧尾羽具不明显黑色横斑,下体白色,胸及两胁略沾粉色,两胁具浅灰色横纹,腿上也略具横纹。翼下除初级飞羽羽端呈黑色外,几乎全白色。亚成鸟上体褐色,尾具深色横斑,下体白色,喉具纵纹,胸部及腿上具褐色横斑。虹膜红色或褐色;喙灰色,端黑色,蜡膜橘黄色;脚橘黄色。

生态习性 常栖息于阔叶林、针阔混交林的林缘带,停留在高大的乔木顶端。以蛙、蜥蜴、大型昆虫和小型鸟类为食。

保护现状 国家二级保护野生动物,CITES 附录 II,无危(LC)。

英文名: Chinese Goshawk
体　长: 25~35cm

分布范围 辽宁,北京,天津,河北,山东,河南,山西,陕西,甘肃,云南中部,四川,重庆,贵州,湖北,湖南,安徽,江西,江苏,上海,浙江,福建,广东,香港,澳门,广西,海南,台湾。

68. 日本松雀鹰
Accipiter gularis

形态特征 成年雄鸟上体深灰色，尾灰色并具几条深色带，胸浅棕色，腹部具非常细羽干纹，无明显的髭纹。雌鸟上体褐色，下体少棕色但具浓密的褐色横斑。亚成鸟胸具纵纹而非横斑，多棕色。虹膜黄色（亚成鸟）至红色（成鸟）；喙蓝灰色，端黑色，蜡膜绿黄色；脚绿黄色。

生态习性 振翼迅速，结群迁徙。单独活动，栖息于山地针叶、阔叶混交林或稀疏林间的灌木丛中。

保护现状 国家二级保护野生动物，CITES 附录 II，无危（LC）。

英文名：Japanese Sparrow Hawk
体　长：23~30cm

分布范围 黑龙江，吉林，辽宁，北京，天津，河北，山东，河南，内蒙古中部，宁夏，甘肃，新疆，四川，重庆，贵州，湖北，湖南，安徽，江西，江苏，上海，浙江，福建，广东，香港，澳门，广西，海南，台湾。

日本松雀鹰　摄影／孟宪伟

松雀鹰 摄影/张海波

69. 松雀鹰
Accipiter virgatus

英文名：Besra

体　长：25~36cm

形态特征 成年雄鸟上体深灰色，尾具粗横斑；下体白色，两胁棕色且具褐色横斑，喉白色而具黑色喉中线，有黑色髭纹。雌鸟及亚成鸟两胁棕色少，下体多具红褐色横斑，背褐色，尾褐色而具深色横纹。亚成鸟胸部具纵纹。虹膜黄色；喙黑色，蜡膜灰色；腿及脚黄色。

生态习性 栖息于山地林区，多见单个活动。捕食小动物。

保护现状 国家二级保护野生动物，CITES 附录 II，无危（LC）。

分布范围 黑龙江，北京，山东，河南南部，陕西南部，内蒙古，甘肃南部，西藏东南部，云南，四川，重庆，贵州，湖北，湖南，安徽，江西，江苏，上海，浙江，广东，广西，海南，台湾，福建，香港，澳门。

70. 雀鹰
Accipiter nisus

英文名：Eurasian Sparrow Hawk
体　长：30~40cm

形态特征　上体暗褐色，头无冠羽。颏、喉散布褐色纤细纵纹，无显著的中央喉纹；下体满布棕褐色或棕红色波形横斑，尾具横带。脸颊棕色。雌鸟体型较大，上体褐色，下体白色，胸、腹部及腿上具灰褐色横斑，无喉中线，脸颊棕色较少。亚成鸟胸部具褐色横斑。虹膜艳黄色；喙角质色，端黑色；脚黄色。

生态习性　常单独活动，在山地疏林或较开阔地上空飞翔。从栖处"伏击"飞行中捕食，喜林缘或开阔林区。食物主要为小型动物及昆虫。

保护现状　国家二级保护野生动物，CITES 附录 II，无危（LC）。

分布范围　除西藏、青海外，见于各省份。

雀鹰　摄影／匡中帆

鹊鹞 摄影/张卫民

71. 鹊鹞
Circus melanoleucos

英文名：Pied Harrier
体　长：43~50cm

形态特征 两翼细长。雄鸟体羽黑色、白色及灰色；头、喉及胸部黑色而无纵纹为其特征。雌鸟上体褐色沾灰并具纵纹，腰白色，尾具横斑，下体皮黄色具棕色纵纹；飞羽下面具近黑色横斑。亚成鸟上体深褐色，尾上覆羽具苍白色横带，下体栗褐色并具黄褐色纵纹。虹膜黄色；喙角质色；脚黄色。

生态习性 在开阔原野、沼泽地带、芦苇地及稻田的上空低空滑翔。

保护现状 国家二级保护野生动物，CITES 附录 II，近危（NT）。

分布范围 除宁夏、新疆、西藏、青海外，见于各省份。

72. 黑鸢
Milvus migrans

英文名：Black Kite
体　长：55~65cm

形态特征　通体深褐色。尾略分叉，飞羽基部白色，形成翅下明显斑块，飞翔时尤为显著；浅叉形尾为本种识别特征。头有时比背色浅。亚成鸟头及下体具皮黄色纵纹。虹膜棕色；喙灰色，蜡膜黄色；脚黄色。

生态习性　喜开阔的乡村、城镇及村庄。优雅盘旋或作缓慢振翅飞行。栖息于柱子、电线、建筑物或地面，在垃圾堆找食腐物，常在空中进食。

保护现状　国家二级保护野生动物，CITES 附录 II，无危（LC）。

分布范围　见于各省份。

黑鸢　摄影／张海波

灰脸鵟鹰 摄影/孟宪伟

73. 灰脸鵟鹰
Butastur indicus

英文名：Grey-faced Buzzard
体　长：39~48cm

形态特征　颈、喉部白色明显，具黑色的喉中线和髭纹。头近黑色，上体暗褐色，并具暗色纤细羽干纹，后颈羽基白色显露；翼上覆羽棕褐色带栗色；飞羽栗褐色；尾羽灰褐色，具黑褐色宽阔横斑；尾上覆羽白色而具暗褐色横斑；眼先白色，颊灰色。腋羽色与腹部的相同，但横斑较疏；尾下覆羽纯白色。虹膜黄色；喙黑褐色，蜡膜和喙基灰黄色；跗跖及趾黄色，爪黑色。

生态习性　见于山地林边或空旷田野，飞行缓慢而沉重，单独飞翔觅食。

保护现状　国家二级保护野生动物，CITES 附录 II，近危（NT）。

分布范围　除新疆、西藏，见于各省份。

普通鵟 摄影/吴忠荣

74. 普通鵟
Buteo japonicus

英文名：Eastern Buzzard
体　长：50~60cm

形态特征　羽色变化较大，有多种色型。脸侧皮黄色具近红色细纹，栗色的髭纹显著；下体偏白色，上具棕色纵纹，两胁及大腿沾棕色。飞行时两翼宽而圆，初级飞羽基部具特征性白色块斑。尾近端处常具黑色横纹。虹膜黄色至褐色；喙灰色，端黑色，蜡膜黄色；脚黄色。

生态习性　喜开阔原野且在空中热气流上高高翱翔，常单独翱翔于高空中，伺机捕食野兔、鼠类、小鸟、蛇、蜥蜴和蛙类，也盗食家禽。在裸露树枝上歇息。

保护现状　国家二级保护野生动物，CITES附录 II，无危（LC）。

分布范围　见于各省份。

十二、咬鹃目
TROGONIFORMES

贵州宽阔水鸟类

红头咬鹃　摄影/匡中帆

（十六）咬鹃科 Trogonidae

75. 红头咬鹃
Harpactes erythrocephalus

形态特征　腹部红色。雄鸟头上部及两侧暗赤红色；背及两肩棕褐色，胸部红色并具狭窄的白色月牙斑；腰及尾上覆羽棕栗色；翼上小覆羽与背同色；初级覆羽灰黑色；翅余部黑色；颏淡黑色；喉至胸由亮赤红色至暗赤红色。雌鸟头、颈和胸为橄榄褐色；腹部为比雄鸟略淡的红色；翼上的白色虫蠹状纹转为淡棕色。虹膜淡黄色；喙黑色；脚淡褐色。

英文名：Red-headed Trogon
体　长：31~35cm

生态习性　生活于热带雨林，特别是次生密林，单个或成对活动。树栖性，飞行力较差，虽快而不远，叫声有点像支离的猫叫声，一般似"shiu"的3声断续，冲击捕虫时或惊恐时也常发出似"krak"的单噪声，但平时甚静。

保护现状　国家二级保护野生动物，近危（NT）。

分布范围　西藏东南部，云南，四川南部，贵州，湖北，江西，福建中部和西北部，广东北部，广西北部，海南。

十三、犀鸟目
BUCEROTIFORMES

贵 州 宽 阔 水 鸟 类

戴胜 摄影/吴忠荣

（十七）戴胜科 Upupidae

76. 戴胜
Upupa epops

英文名：Eurasian Hoopoe
体　长：25~31cm

形态特征　喙细而长，并向下弯曲；体羽大都棕色，头顶具一大而明显的扇形羽冠；两翅和尾黑色而具白色或棕色横斑。虹膜褐色；喙黑色；脚黑色。

生态习性　性活泼，喜开阔潮湿地面，长长的喙在地面翻动寻找食物。有警情时冠羽立起，起飞后松懈下来。常单独或成对活动于居民点附近的荒地和田园中的地上，在地面觅食。

保护现状　无危（LC）。

分布范围　见于各省份。

十四、佛法僧目
CORACIIFORMES

贵州宽阔水鸟类

三宝鸟 摄影/张卫民

（十八）佛法僧科 Coraciidae

77. 三宝鸟
Eurystomus orientalis

形态特征 通体暗蓝灰色，喉为亮蓝色；头大，呈黑色；飞羽紫蓝色，具一大型浅蓝色翼斑，飞行时十分明显；尾羽黑褐色，闪紫色光泽。虹膜褐色；喙珊瑚红色，端黑色；脚橘黄色至红色。

英文名：Oriental Dollarbird
体　长：26~32cm

生态习性 林栖鸟类，尤其多见于林间开垦地中，栖息于近树顶的分杈上，有时也见于山麓田坝的高树上。食物主要为昆虫。

保护现状 无危（LC）。

分布范围 除新疆、西藏、青海外，见于各省份。

普通翠鸟 摄影/张海波

(十九) 翠鸟科 Alcedinidae

78. 普通翠鸟
Alcedo atthis

英文名：Common Kingfisher
体　长：15~17cm

形态特征　上体浅蓝绿色并泛金属光泽，颈侧具白色点斑，下体橙棕色，颈部白色。幼鸟体色暗淡，具深色胸带。虹膜褐色；喙黑色（雄鸟），下颚橘黄色（雌鸟）；脚红色。

生态习性　常见单个停息在江河、溪流、湖泊及池塘岸边的树枝及岩石上，也见于稻田边，等待食物，一见有鱼虾等，即迅猛直扑水中，用喙捕取。主要以小鱼、小虾、甲壳类及水生昆虫等动物性食物为食。

保护现状　无危（LC）。

分布范围　见于各省份。

79. 冠鱼狗
Megaceryle lugubris

英文名：Oriental Dollarbird
体　长：37~42cm

形态特征　通体青黑色并多具白色横斑和斑点，冠羽发达且蓬起。大块的白斑由颊区延至颈侧，下有黑色髭纹。下体白色，具黑色的胸部斑纹，两胁具皮黄色横斑。雄鸟翼线白色，雌鸟黄棕色。虹膜褐色；喙黑色；脚黑色。

生态习性　多见于流速快、多砾石的清澈河流边。栖息于大块岩石上。飞行慢而有力且不盘飞。

保护现状　无危（LC）。

分布范围　吉林，辽宁，北京，天津，河北，山东，河南，山西，陕西，内蒙古东部，宁夏，甘肃，云南，四川，重庆，贵州，湖北，湖南，安徽，江西，江苏，浙江，福建，广东，香港，广西，海南。

冠鱼狗　摄影/匡中帆

蓝翡翠 摄影／郭轩

80. 蓝翡翠
Halcyon pileata

英文名：Black-capped Kingfisher

体　长：26~31cm

形态特征　通体蓝色、白色及黑色。头顶、颈及头侧黑色，后颈具一白色领环；上体呈深蓝色，翅上覆羽及飞羽端部黑色；初级飞羽基部白色或浅蓝色，飞行时显露明显的翼斑；颏、喉、胸及颈侧白色，下体余部锈红色。虹膜深褐色；喙红色；脚红色。

生态习性　多见单个活动于江河、溪流、湖泊、水塘及稻田边，常停息于电线上。以鱼、虾、水生昆虫为食。

保护现状　无危（LC）。

分布范围　除新疆、西藏、青海外，见于各省份。

十五、啄木鸟目
PICIFORMES

贵 州 宽 阔 水 鸟 类

大拟啄木鸟 摄影/匡中帆

（二十）拟啄木鸟科 Megalaimidae

81. 大拟啄木鸟
Psilopogon virens

英文名：Great Barbet
体　长：30~35cm

形态特征 头及喉蓝绿色，翕羽暗绿褐色；上体余部绿色；上胸暗褐色，下胸及腹部中央蓝色；胸侧及腹侧呈暗黄绿褐色，羽缘黄绿色，形成条纹状；尾下覆羽红色。虹膜褐色；喙浅黄色至褐色，端黑色；脚灰色。

生态习性 喜单个栖息于阔叶乔木林中，也见于针阔混交林中，常停息在树上，鸣叫不已，叫声似"go-o, go-o"，单调而洪亮。杂食性，以种子、坚果、浆果和昆虫为食。

保护现状 无危（LC）。

分布范围 西藏南部，陕西，云南，四川中部，重庆，贵州，湖北，湖南，安徽，江西，江苏，上海，浙江，福建，广东，香港，广西。

82. 黑眉拟啄木鸟
Psilopogon faber

英文名：Chinese Barbet
体　　长：20~22cm

形态特征　通体绿色。喉黄色，颈有一天蓝色环带，前颈颜色较浓。眼先有一红点。成鸟额、头顶黑色，后颈血红色，耳羽天蓝色，肩、背、腰、尾上覆羽、尾羽深绿色；最内侧次级飞羽的内羽片白色。颏和前喉金黄色，后喉为天蓝色，前颈和后颈一样，为血红色；胸、腹、胁、两侧、尾下覆羽为浅绿色。虹膜暗红褐色；喙铅黑色，上喙基部黄色；脚暗灰色。

生态习性　丛林鸟类，多在树上活动，叫声如"咯咯咯"。鸣叫常是连续而洪亮。只作短距离飞行，不能持久。单独或成群在树上活动。食物主要为野果，也吃少量昆虫。

保护现状　无危（LC）。中国特有种。

分布范围　贵州，江西，福建，广东，广西，海南。

黑眉拟啄木鸟　摄影/匡中帆

斑姬啄木鸟 摄影/张卫民

（二十一）啄木鸟科 Picidae

83. 斑姬啄木鸟
Picumnus innominatus

英文名：Speckled Piculet
体　长：9~10cm

形态特征　通体橄榄色，背似山雀。尾羽短，中央尾羽内侧白色，形成白色纵纹；眉纹和颊纹白色；下体奶黄色，散布黑色斑点。雄鸟前额橘黄色。虹膜红色；喙近黑色；脚灰色。

生态习性　栖息于热带低山混合林的枯树或树枝上，尤喜竹林。觅食时持续发出轻微的叩击声。啄食树干和竹秆上的昆虫，食物以昆虫为主。

保护现状　无危（LC）。

分布范围　西藏东部，山东，河南南部，山西南部，陕西南部，甘肃南部，云南，四川南部，重庆，贵州，湖北，湖南，安徽，江西，江苏，上海，浙江，福建，广东，香港，广西。

84. 黄嘴栗啄木鸟
Blythipicus pyrrhotis

英文名：Bay Woodpecker
体　长：25~32cm

形态特征　上体棕色而具宽阔的黑色横斑，呈棕色和黑色相间的带斑状；雄鸟枕部和后颈朱红色，形成半圆形领斑。雌鸟无此红色领斑。虹膜红褐色；喙淡绿黄色；脚黑褐色。

生态习性　多见单个或成对活动于阔叶林中的乔木上，有时也见于枯树上，鸣叫声嘈杂且似八声杜鹃，但频率较快，音节较多。

保护现状　无危（LC）。

分布范围　西藏东南部，云南，四川，贵州，湖北，湖南，江西，浙江，福建，广东，香港，广西，海南。

黄嘴栗啄木鸟　摄影/孟宪伟

栗啄木鸟 摄影/韦铭

85. 栗啄木鸟
Micropternus brachyurus

英文名：Rufous Woodpecker

体　长：21~24cm

形态特征　雄鸟通体红褐色，头顶具褐色纵纹；上体包括翼、尾均满布黑褐色横斑，有的横斑不甚明显；头侧、颏、喉及前颈羽缘浅淡，呈纵纹状；眼下方和颊部羽缀红色，形成红色颊斑；下体羽色较暗，两胁具黑褐色横斑；下体也具较模糊横斑。雌鸟与雄鸟相似，但无红色颊斑。虹膜红色；喙黑色；脚褐色。

生态习性　喜低海拔的开阔林地、次生林、林缘地带、园林及人工林。啄凿声少能听见。

保护现状　无危（LC）。

分布范围　西藏东部，云南，四川，贵州，湖南南部，江西，浙江，福建中部和西北部，广东，香港，广西，海南。

86. 灰头绿啄木鸟
Picus canus

形态特征 上体绿色；飞羽及尾羽均黑色，飞羽具白色横斑；下体橄榄绿色或灰绿色，无斑纹；头侧灰色；黑色颧纹明显；雄鸟头顶前部红色，后部及枕部灰色而具黑色条纹，在后颈形成斑块；雌鸟整个头顶及枕部均灰色，具黑色条纹。虹膜红褐色；喙近灰色；脚蓝灰色。

生态习性 常活动于小片林地及林缘，亦见于大片林地。有时下至地面寻食蚂蚁或喝水。取食树的高度主要集中在 0~4 m。

保护现状 无危（LC）。

分布范围 见于各省份。

英文名：Grey-faced Woodpecker
体　长：26~31cm

灰头绿啄木鸟（雄）　摄影/匡中帆

灰头绿啄木鸟（雌）　摄影/匡中帆

星头啄木鸟 摄影/孟宪伟

87. 星头啄木鸟
Dendrocopos canicapillus

英文名：Grey-capped Woodpecker

体　长：14~17cm

形态特征　通体黑白色。头顶深灰色，后枕黑色，宽阔的白色眉纹从眼后延伸至枕侧；上体具黑白相间的横斑；下体浅棕黄色，具黑色纵纹，无红色斑块。雄鸟后枕两侧具一簇红色短羽。背白色具黑斑。虹膜淡褐色；喙灰色；脚绿灰色。

生态习性　见于阔叶林、混交林及针叶林等多种类型的森林中，有时也见于坝区或村镇边的林地及乔木上。多见单个活动，有时也成对或结小群活动。食物几全为昆虫。

保护现状　无危（LC）。

分布范围　除新疆、青海、西藏外，见于各省份。

大斑啄木鸟；摄影／匡中帆

88. 大斑啄木鸟
Dendrocopos major

形态特征　上体黑色，肩羽白色形成大型白斑；飞羽及外侧尾羽具白斑；前额及颊棕白色；颏、喉、胸及上腹浅棕褐色或朱古力褐色，无纵纹，胸侧具一大的黑色斑块；下腹及尾下覆羽红色。雄鸟枕部具狭窄红色带而雌鸟无。虹膜近红色；喙灰色；脚灰色。

生态习性　凿树洞营巢，吃食昆虫及树皮下的蛴螬。多见单个活动于山地和平坝区的果园、树丛及森林中。

保护现状　无危（LC）。

分布范围　见于各省份。

英文名：Great Spotted Woodpecker
体　长：20~25cm

十六、隼形目
FALCONIFORMES

贵 州 宽 阔 水 鸟 类

红隼 摄影/吴忠荣

（二十二）隼科 Falconidae

89. 红隼
Falco tinnunculus

英文名：Eurasian Kestrel
体　长：31~38cm

形态特征　通体赤褐色。雄鸟头顶至后颈灰色，并具黑色条纹；背羽砖红色，满布黑色粗斑；尾羽青灰色，具宽阔的黑色次端斑及棕白色端缘，外侧尾羽较中央尾羽甚短，呈凸尾型。雌鸟上体砖红色，头顶满布黑色纵纹，背具黑色横斑，爪黑色。雌雄鸟胸和腹均淡棕黄色，具黑色纵纹和斑点。虹膜褐色；喙灰色而端黑色，蜡膜黄色；脚黄色。

生态习性　在空中特别优雅，捕食时懒懒地盘旋或纹丝不动地停在空中。猛扑猎物，常从地面捕捉猎物。停栖在柱子或枯树上。喜开阔原野。

保护现状　国家二级保护野生动物，CITES 附录 II，无危（LC）。

分布范围　见于各省份。

90. 红脚隼
Falco amurensis

英文名：Eastern Red-footed Falcon

体　长：25~30cm

形态特征　通体灰色。腿、腹部及臀棕色，飞行时白色的翼下覆羽为其特征。雌鸟额部白色，头顶灰色具黑色纵纹；背及尾灰色，尾具黑色横斑；喉白色，眼下具偏黑色线条；下体乳白色，胸具醒目的黑色纵纹，腹部具黑色横斑；翼下白色并具黑色点斑及横斑。虹膜褐色；喙灰色，蜡膜红色；脚红色。

生态习性　翱翔于原野或山林间，黄昏后捕捉昆虫，有时似燕鸻结群捕食。迁徙时结成大群多至数百只，常与黄爪隼混群。喜立于电话线上。

保护现状　国家二级保护野生动物，CITES 附录 II，近危（NT）。

分布范围　除海南外，见于各省份。

红脚隼（雌）　摄影/匡中帆

红脚隼（雄）　摄影/匡中帆

91. 燕隼
Falco subbuteo

英文名：Hobby

体　长：29~35cm

形态特征　通体黑白色。翼长，腿及臀棕色，上体深灰色，胸乳白色而具黑色纵纹。雌鸟体型比雄鸟大而多褐色，腿及尾下覆羽细纹较多。虹膜褐色；喙灰色，蜡膜黄色；脚黄色。

生态习性　于飞行中捕捉昆虫及鸟类，飞行迅速，喜开阔地及有林地带，高可至海拔 2000m。

保护现状　国家二级保护野生动物，CITES 附录 II，近危（NT）。

分布范围　见于各省份。

燕隼　摄影／匡中帆

游隼 摄影/匡中帆

92. 游隼
Falco peregrinus

英文名：Peregrine Falcon
体　长：41~50cm

形态特征　成鸟头顶及脸颊近黑色或具黑色条纹；上体深灰色具黑色点斑及横纹；下体白色，胸具黑色纵纹，腹部、腿及尾下多具黑色横斑。雌鸟比雄鸟体大。各亚种在深色部位上有异。虹膜黑色；喙灰色，蜡膜黄色；腿及脚黄色。

生态习性　常成对活动。飞行甚快，并从高空呈螺旋形而下猛扑猎物。为世界上飞行最快的鸟种之一，有时作特技飞行。在悬崖上筑巢。

保护现状　国家二级保护野生动物，CITES 附录 I，近危（NT）。

分布范围　除西藏外，见于各省份。

十七、雀形目
PASSERIFORMES

贵 州 宽 阔 水 鸟 类

黑枕黄鹂 摄影/匡中帆

（二十三）黄鹂科 Oriolidae

93. 黑枕黄鹂
Oriolus chinensis

英文名：Black-naped Oriole

体　长：23~28cm

形态特征 通体黄色及黑色。通体大多为黄色或黄绿色，后枕部具黑色环带；翅和尾羽主要呈黑色。雌鸟色较暗淡，背橄榄黄色。亚成鸟背部橄榄色，下体近白色而具黑色纵纹。虹膜红色；喙粉红色；脚近黑色。

生态习性 栖息于开阔林、人工林、园林、村庄及红树林。成对或以家族为群活动。常留在树上但有时下至低处捕食昆虫。飞行呈波状，振翼幅度大，缓慢而有力。喜鸣叫，雄鸟叫声洪亮动听。

保护现状 无危（LC）。

分布范围 除新疆、西藏、青海外，见于各省份。

白腹凤鹛 摄影/匡中帆

(二十四) 莺雀科 Vireonidae

94. 白腹凤鹛
Erpornis zantholeuca

形态特征 雌雄同色。有明显的羽冠；头顶、上体、飞羽外缘和尾羽均黄绿色；尾羽边缘黄色，飞羽黑色；眼先、耳羽和下体灰白色；尾下覆羽黄色。虹膜褐色；上喙浅褐色，下喙浅肉色；跗跖及趾肉黄色。

生态习性 群栖，在中至高层取食，常与莺类及其他种类混群。主要以昆虫为食。

保护现状 无危（LC）。

分布范围 西藏东南部，云南西部和东南部，海南，贵州，江西，浙江，福建，广东，广西，台湾。

英文名：White-bellied Yuhina
体　长：11~13cm

95. 红翅鵙鹛

Pteruthius aeralatus

英文名：Blyth's Shrike Babbler
体　长：14~18cm

形态特征　雄鸟头尾及两翼黑色，眉纹白色；背灰色；初级飞羽羽端白色，三级飞羽金黄色和橘黄色；下体灰白色。雌鸟色暗，下体皮黄色，头近灰色，翼上少鲜艳色彩。虹膜灰蓝色；上喙蓝黑色，下喙灰色；脚粉白色。

生态习性　成对或混群活动，在林冠层上下穿行捕食昆虫。在小树枝上侧身移动仔细地寻觅食物。

保护现状　无危（LC）。

分布范围　西藏南部和东南部，云南，四川，重庆，贵州南部，湖南，江西东北部，浙江，福建，广东，海南。

红翅鵙鹛（雌）　摄影/张卫民

红翅鵙鹛（雄）　摄影/张卫民

96. 淡绿鹀鹛

Pteruthius xanthochlorus

英文名：Green Shrike Babbler

体 长：12~13cm

形态特征 通体橄榄绿色。雄鸟头和颈部暗蓝灰色，眼先近黑色，眼圈白色；上体灰绿色；小覆羽、大覆羽和初级覆羽为褐色，但边缘及末端浅黄绿色近似灰白色；飞羽及尾羽褐色。颏、喉部和胸浅灰白色，两胁橄榄绿色，腹部灰黄色。雌鸟与雄鸟相似，但头顶褐灰色，两胁到腹部橄榄黄色，腹部中央灰黄色。虹膜灰褐色；喙蓝灰色，喙端黑色；脚灰色。

生态习性 常在较密的森林深处，活动在较高的树枝间，行动缓慢，性情宁静，好隐蔽。常与山雀、鹛及柳莺混群，看似笨拙的柳莺。以昆虫、浆果及种子等为食。

保护现状 近危（NT）。

分布范围 西藏南部、陕西南部，甘肃东南部，云南西部，四川，重庆，贵州，湖南，安徽。

淡绿鹀鹛 摄影/张海波

灰喉山椒鸟（雌） 摄影/匡中帆

（二十五）山椒鸟科 Campephagidae

97. 灰喉山椒鸟
Pericrocotus solaris

英文名：Grey-chinned Minivet

体　长：17~19cm

形态特征　雄鸟头顶至上背石板黑色；下背至尾上覆羽橙红色；喉灰白色、浅灰色或略沾红色，下体余部橙红色；翅黑色，具红色翅斑。雌鸟头部至上背暗石板灰色；下背至尾上覆羽橄榄黄色；翅和尾与雄鸟同，但红色部分代以黄色；颊和耳羽浅灰色；喉部近白色或染以黄色；下体余部鲜黄色。虹膜深褐色；喙和脚黑色。

生态习性　栖息于阔叶林、针叶林和针阔混交林以及茶园。一般结小群活动，繁殖季节成对活动。以昆虫等动物性食物为食。

保护现状　无危（LC）。

分布范围　西藏东南部，云南，四川，重庆，贵州，湖北，湖南中部和南部，安徽，江西，浙江，福建，广东，香港，广西，海南，台湾。

灰喉山椒鸟（雄）　摄影/匡中帆

短嘴山椒鸟 摄影/张卫民

98. 短嘴山椒鸟
Pericrocotus brevirostris

形态特征 体型较细小，尾较长。雄鸟红色，甚艳丽，具红色斑纹。雌鸟具黄色斑纹，额部呈鲜艳黄色，与赤红山椒鸟的区别在于翼部斑纹较简单。虹膜褐色；喙黑色；脚黑色。

生态习性 多成对活动，在与长尾山椒鸟同时出现的地区一般比长尾山椒鸟少见。以昆虫等动物性食物为食。

保护现状 无危（LC）。

分布范围 西藏东南部，云南，四川，贵州，广东北部，广西中部，海南。

英文名：Short-billed Minivet
体　长：19~20cm

短嘴山椒鸟 摄影/张卫民

99. 长尾山椒鸟
Pericrocotus ethologus

英文名: Long-tailed Minivet
体　长: 18~20cm

形态特征　雄鸟头、背及喉亮黑色；下背至尾上覆羽以及下体赤红色；翅黑色，具朱红色翼斑；尾黑色。雌鸟额基和眼前上方微黄色；头顶和颈暗褐灰色或灰褐色；背沾黄绿色；腰和尾上覆羽橄榄绿黄色；翅褐黑色，具黄色翼斑；尾黄色；颊和耳羽灰色；颏黄白色；余下体黄色。虹膜暗褐色；喙和脚均黑色。

生态习性　集大群活动，性嘈杂。栖息于多种植被类型的生境中，如阔叶林、杂木林、混交林、针叶林。杂食性。

保护现状　无危（LC）。

分布范围　北京，河北北部，山东，河南，山西，陕西南部，内蒙古，宁夏，甘肃南部，青海东南部，云南，四川，贵州北部，湖北，湖南，广西，台湾，西藏南部。

长尾山椒鸟（雄）　摄影/张卫民

长尾山椒鸟（雌）　摄影/吴忠荣

100. 暗灰鹃鵙
Lalage melaschistos

英文名：Black-winged Cuckooshrike
体　长：20~24cm

形态特征　通体暗灰色。雄鸟两翅和尾亮黑色；尾羽大都具白端。雌鸟两翅和尾褐黑色。幼鸟上、下体均具有黑、白相间的横斑。虹膜红褐色；喙黑色；脚铅蓝色。

生态习性　栖息于阔叶林、针阔混交林、竹林和村寨边缘丛林中。在针阔混交林中，多活动于林缘或林间空地的高大乔木间，也常见在松树上觅食、单独或结群活动，性寂静，不善鸣叫。

保护现状　无危（LC）。

分布范围　西藏东南部，云南，四川，重庆，贵州，广西，北京，河北中西部，山东，河南，山西，陕西南部，甘肃东南部，湖北中部，湖南，安徽北部，江西，江苏，上海，浙江，广东南部，香港，澳门，台湾，海南。

暗灰鹃鵙　摄影／黄吉红

黑卷尾 摄影/张卫民

(二十六) 卷尾科 Dicruridae

101. 黑卷尾
Dicrurus macrocercus

英文名: Black Drongo
体　长: 24~30cm

形态特征　通体蓝黑色具辉光。尾长而呈深叉状；最外侧一对尾羽最长，端部稍向上卷曲。两性相似。亚成鸟下体下部具近白色横纹。虹膜红色；喙和脚黑色。

生态习性　栖息于热带、亚热带地区的平原和低山丘陵地带，常单个或成对在农田和村寨附近的大乔木、灌丛、竹林以及电线上停息，或飞翔捕食昆虫。

保护现状　无危（LC）。

分布范围　除新疆外，见于各省份。

102. 灰卷尾
Dicrurus leucophaeus

英文名： Ashy Drongo
体　长： 26~29cm

形态特征　体羽大都灰色或灰黑色；最外侧一对尾羽最长，呈深叉状。两性相似。虹膜橙红色；喙灰黑色；脚黑色。

生态习性　栖息于山区和平原地带的阔叶林、针叶林及针阔混交林或林缘地带，也活动于村落附近的乔木和疏林间，喜停息在高大的乔木树冠上，很少到密林及灌丛中活动。常成对或单个活动，立于林间空地的裸露树枝或藤条，捕食过往昆虫，或攀高捕捉飞蛾或俯冲捕捉飞行中的猎物。

分布范围　北京，河北，河南，山西，陕西，甘肃南部，云南，四川，重庆，贵州，湖北，湖南，安徽，江西，江苏，上海，浙江，福建，台湾，西藏东南部，广东，广西，香港，澳门，海南。

保护现状　无危（LC）。

灰卷尾　摄影/张卫民

发冠卷尾 摄影/张卫民

103. 发冠卷尾
Dicrurus hottentottus

英文名： Hair-crested Drongo

体　长： 29~34cm

形态特征　通体羽毛绒黑色，羽端缀钢蓝绿色金属光泽；额部有一束发状长形羽冠；最外侧一对尾羽的先端显著向上卷曲；尾叉不明显，几乎呈平尾状。两性相似。虹膜红色或白色；喙和脚黑色。

生态习性　栖息于开阔丘陵或山地的树林中，属林栖性鸟类，常单独或成对活动。喜森林开阔处，有时（尤其晨昏）聚集一起鸣唱并在空中捕捉昆虫，甚是吵嚷。多在低处捕食昆虫，常与其他种类混群。

保护现状　无危（LC）。

分布范围　见于各省份。

第二章　鸟类分类描述　125

寿带（棕色型） 摄影/孟宪伟

（二十七）王鹟科 Monarchinae

104. 寿带

Terpsiphone incei

形态特征 成年雄鸟中央一对尾羽特别延长，成飘带状；雌雄鸟羽色相似，后枕均具羽冠。棕色型头顶亮黑色，上体余部棕红色或栗红色；喉黑色或烟灰色；胸灰色；腹白色或沾棕色；尾下覆羽淡棕白色或浅栗红色。白色型头顶、头侧和颏、喉呈亮黑色；余部体羽呈白色；背羽和尾羽有黑色显著纵纹；飞羽黑色，缘以白色。虹膜褐色；眼周裸露皮肤蓝色；喙蓝色，喙端黑色；脚蓝色。

英文名：Chinese Paradise Flycatcher
体　长：17~21cm

生态习性 白色的雄鸟飞行时显而易见。通常从森林较低层的栖处捕食，常与其他种类混群。食物主要为昆虫。

保护现状 无危（LC）。

分布范围 除内蒙古、青海、新疆、西藏外，见于各省份。

寿带（白色型） 摄影/张海波

虎纹伯劳 摄影/沈惠明

（二十八）伯劳科 Laniidae

105. 虎纹伯劳
Lanius tigrinus

英文名：Tiger Shrike
体　长：17~19cm

形态特征　头顶至后颈灰色；前额、头侧和颈侧黑色；上体余部红褐色杂以黑色横斑。雄鸟顶冠及颈背灰色；背、两翼及尾浓栗色而多具黑色横斑；过眼纹宽且黑色；下体白色，两胁具褐色横斑。雌鸟似雄鸟但眼先及眉纹色浅。虹膜褐色；喙蓝色，端黑色；脚灰色。

生态习性　喜在多林地带活动，通常在林缘突出的树枝上捕食昆虫。栖息于丘陵、平原等开阔的林地，多见停息在灌木、乔木的顶端或电线上。性凶猛，不仅捕食昆虫，有时也会袭击小鸟。

保护现状　无危（LC）。

分布范围　除青海、新疆、海南外，见于各省份。

106. 牛头伯劳
Lanius bucephalus

形态特征 额、头顶至上背栗色；背至尾上覆羽灰褐色；尾羽黑褐色；下体污白色，胸、胁染橙色并具显著黑褐色鳞纹。雄鸟初级飞羽基部白色，形成翅斑。眼先、眼周及耳羽黑色，形成宽阔的过眼黑纹；有白色眼上纹。颏、喉污白色，喉侧、胸、胁、腹侧及覆腿羽棕黄色；腹中至尾下覆羽污白色；颈侧、胸及胁部有细小的黑褐色鳞纹。雌鸟上体沾棕褐色；白色眼上纹窄而不显著。虹膜褐色；喙黑褐色，下喙基部黄褐色；脚黑色。

生态习性 喜次生植被及耕地。

保护现状 无危（LC）。

英文名：Bull-headed Shrike
体　长：19~20cm

分布范围 黑龙江，吉林东部，辽宁，北京，天津，河北，山东，河南，山西，陕西，宁夏，甘肃中部和南部，四川，重庆，贵州，湖北，湖南，安徽，江西，江苏，上海，浙江，福建，广东，香港，澳门，广西，海南，台湾。

牛头伯劳　摄影／孟宪伟

红尾伯劳 摄影/张海波

107. 红尾伯劳
Lanius cristatus

英文名：Brown Shrike

体　长：17~20cm

形态特征 通体淡褐色。上体大都棕褐色；腹部棕白色。成鸟前额灰色，眉纹白色，宽宽的眼罩黑色；头顶及上体褐色；下体皮黄色无斑纹。两性相似。虹膜褐色；喙黑色；脚灰黑色。

生态习性 喜开阔耕地及次生林，包括庭院及人工林。单独栖息于灌丛、电线及小树上，捕食飞行中的昆虫或猛扑地面上的昆虫和小动物。

保护现状 无危（LC）。

分布范围 除新疆、西藏外，见于各省份。

108. 棕背伯劳

Lanius schach

形态特征 通体棕色、黑色及白色。头侧具宽阔的黑纹；头顶至上背灰色；肩羽、下背至尾上覆羽逐渐转为深棕色；翅和尾黑色；下体大都浅棕白色，翼有一白色斑。亚成鸟色较暗，两胁及背具横斑，头及颈背灰色较重。两性相似。虹膜褐色；喙和脚黑色。

生态习性 喜草地、灌丛、茶林、丁香林及其他开阔地。立于低树枝，猛然飞出捕食飞行中的昆虫，常猛扑地面的蝗虫及甲壳虫。是贵州最常见的一种伯劳。性凶猛，喙、爪有力。

保护现状 无危（LC）。

英文名： Long-tailed shrike
体　长： 23~28cm

分布范围 新疆，西藏东南部，云南，北京，天津，河北，河南南部，山东，陕西南部，甘肃南部，四川，重庆，贵州，湖北，湖南，安徽，江西，江苏，上海，浙江，福建，广东，香港，澳门，广西，海南，台湾。

棕背伯劳　摄影／张海波

灰背伯劳 摄影/匡中帆

109. 灰背伯劳
Lanius tephronotus

形态特征 雄鸟额基、眼先、眼周、颊及耳羽黑色；头顶至下背暗灰色；腰及尾上覆羽转为橙棕色；尾羽黑褐色，羽缘灰棕色；两翼黑褐色，内侧飞羽及大覆羽具棕色羽缘；颏、喉至上胸白色，微沾棕色；胸、体侧及尾下覆羽浅棕色，腹部中央白色。雌鸟额基黑羽较窄，眼上略有白纹，头顶灰色羽染浅棕色，尾上覆羽可见细疏黑褐色鳞纹。下体污白色，胸、胁染锈棕色。虹膜褐色；喙绿色；脚黑绿色。

生态习性 栖息于自平原至海拔4000m的山地疏林地区，在农田及农舍附近较多。常栖息于树梢的干枝或电线上。以昆虫为主食。

英文名：Grey-backed Shrike
体　长：21~25cm

保护现状 无危（LC）。

分布范围 陕西，内蒙古西部，宁夏，甘肃，新疆西部，西藏，青海，云南，四川，重庆，贵州，湖北，湖南，香港，广西。

松鸦 摄影/沈惠明

（二十九）鸦科 Corvidae

110. 松鸦
Garrulus glandarius

形态特征 翼上具黑色及蓝色镶嵌图案，腰白色。髭纹黑色，两翼黑色具白色斑块。飞行时两翼显得宽圆。飞行沉重，振翼无规律。虹膜浅褐色；喙灰色；脚肉棕色。

生态习性 性喧闹，喜落叶林地及森林。以果实、鸟卵、尸体及植物果实为食，也会主动围攻猛禽。

保护现状 无危（LC）。

分布范围 见于各省份。

英文名：Eurasian Jay
体　长：30~36cm

红嘴蓝鹊 摄影/张海波

111. 红嘴蓝鹊
Urocissa erythrorhyncha

形态特征 具长尾。头顶至后颈具淡紫白色斑块；头颈余部和颏、喉至上胸黑色；背紫蓝灰色；腹灰白色；尾长而具白色端斑和黑色次端斑。两性相似。虹膜红色；喙红色；脚红色。

生态习性 栖息于丘陵和中低山区的次生阔叶林、针叶林、针阔叶混交林或竹林等多种类型的森林中，也见于河谷两岸的疏林、荒坡、耕地及村边的树林和竹丛中。常成对或几只鸟聚集成小群一起活动。杂食性。冬季有储藏食物习性。

保护现状 无危（LC）。

分布范围 辽宁，北京，河北，山东，山西，内蒙古东南部，甘肃，河南，陕西，宁夏，云南，四川，重庆，贵州，湖北，湖南，安徽，江西，江苏，上海，浙江，福建，广东，香港，澳门，广西，海南。

英文名：Red-billed Bule Magpie
体　长：53~68cm

第二章 鸟类分类描述

112. 灰树鹊
Dendrocitta formosae

英文名：Gray Treepie
体　长：36~40cm

形态特征　通体褐灰色。前额黑色，头顶至枕蓝灰色；背和肩羽棕褐色；翅黑色，初级飞羽具一白斑；尾羽黑色或中央尾羽部分灰色；颏、喉黑褐色；胸至腹褐灰色；尾上覆羽灰色或灰白色。两性相似。虹膜红褐色；喙黑色，喙基灰色；脚深灰色。

生态习性　栖息于丘陵和山区的常绿阔叶林、次生常绿阔叶林和针阔混交林中，常成对或结成4~5只的小家族群活动，叫声响亮而多变。

保护现状　无危（LC）。

分布范围　云南，四川，贵州，湖南，安徽，江西，江苏，浙江，福建，广东，香港，澳门，广西，台湾，海南。

灰树鹊　摄影/郭轩

喜鹊 摄影/张海波

英文名：Oriental Magpie
体　长：40~50cm

113. 喜鹊
Pica sericea

形态特征　通体亮黑色和白色。除两肩和腹部纯白色，初级飞羽内翈大部白色外，余部大多为亮黑色；黑色的长尾呈楔形。两性相似。虹膜褐色；喙黑色；脚黑色。

生态习性　村寨和城市附近常见的鸟类，常活动于平原或山区的山脚、林缘、村庄或城市周围的大树、屋顶和耕地，而不见于密林中。平时多成对，冬季有时也成群活动。杂食性。

保护现状　无危（LC）。

分布范围　见于各省份。

第二章　鸟类分类描述

114. 达乌里寒鸦

Corvus dauuricus

形态特征 通体黑色，但颈部有灰白色颈圈。颈圈向后下延至胸、腹部。后颈、颈侧、腹和两胁概为灰白色，余部为黑色，并闪紫蓝色光泽；头侧和耳羽具白色细纹，肛羽具白缘。虹膜深褐色；喙黑色；脚黑色。

生态习性 栖息于山地、丘陵、平原、农田、旷野。喜集群。营巢于开阔地、树洞、岩崖或建筑物上。常在放牧的家养动物间取食昆虫。

保护现状 无危（LC）。

分布范围 除海南外，见于各省份。

英文名：Daurian Jackdaw

体　长：29~37cm

达乌里寒鸦　摄影／匡中帆

白颈鸦 摄影/孟宪伟

115. 白颈鸦
Corvus pectoralis

英文名：Collared Crow

体　长：47~55cm

形态特征　通体亮黑色及白色。喙粗厚，颈背及胸带强反差的白色使其有别于同地区的其他鸦类。仅达乌里寒鸦略似，但达乌里寒鸦较白颈鸦体甚小而下体甚多白色。虹膜深褐色；喙黑色；脚黑色。

生态习性　栖息于平原、耕地、河滩、城镇及村庄。有时与大嘴乌鸦混群活动。善行走。

保护现状　近危（NT）。

分布范围　除新疆、西藏、青海外，见于各省份。

116. 大嘴乌鸦
Corvus macrorhynchos

形态特征　通体黑色。喙粗厚，喙基处不光秃；后颈羽毛柔软松散如发，羽干不明显；额弓高而突出。比渡鸦体小且尾较平。虹膜褐色；喙黑色；脚黑色。

生态习性　栖息于平坝、丘陵和山区的多种生境中，常在农田、耕地、河滩和人类居住地附近活动觅食，性喜结群，常数只到数十只一群。杂食性。

保护现状　无危（LC）。

分布范围　见于各省份。

英文名：Large-billed Crow
体　长：47~57cm

大嘴乌鸦·摄影/孟宪伟

方尾鹟 摄影/张海波

（三十）玉鹟科 Stenostiridae

117. 方尾鹟
Culicicapa ceylonensis

形态特征 头、颈、喉至上胸污灰色；前额、头顶至后枕较暗，呈灰褐色；上体亮黄绿色；下胸、腹至尾下覆羽鲜黄色；翅和尾羽黑褐色，外缘黄绿色；外侧尾羽与中央尾羽等长，呈方尾形；喙宽扁，喙须特多而长，几乎达至喙端。虹膜褐色；上喙黑色，下喙角质色；脚黄褐色。

生态习性 喧闹活跃，在树枝间跳跃，不停捕食及追逐过往昆虫。常将尾扇开。多栖息于森林的底层或中层。常与其他鸟混群。

保护现状 无危（LC）。

英文名：Grey-headed Canary-flycatcher
体　长：12~13cm

分布范围 山东，河南，陕西南部，甘肃东南部，西藏东部和南部，云南，四川，重庆，贵州，湖北西部，湖南，江西，江苏，上海，广东，香港，澳门，广西，海南中部，台湾。

黄眉林雀 摄影/张海波

（三十一）山雀科 Paridae

118. 黄眉林雀
Sylviparus modestus

形态特征 外形似柳莺或啄花鸟。体羽大致橄榄色，翅上具一道翅斑；羽冠短；具狭窄的黄色眼圈，浅黄色短眉纹有时被覆盖；腿甚显粗壮。虹膜深褐色；喙角质色，基部偏灰色；脚蓝灰色。

生态习性 活跃，行动似山雀。示警时或兴奋时冠羽耸立，浅色眉纹显出。

保护现状 无危（LC）。

分布范围 西藏南部和西南部，云南西部，四川，重庆，贵州东部，江西，福建西北部，广东，广西。

英文名：Yellow-browed Tit
体　长：9~10cm

119. 黄腹山雀
Pardaliparus venustulus

英文名：Yellow-bellied Tit
体　长：9~11cm

黄腹山雀（雌）　摄影／匡中帆

形态特征　头、喉和上胸黑色；颊白色；腹部黄色，腹部中央无黑色纵带。翼上具两排白色斑点。喙甚短。雄鸟头及胸兜黑色，颊斑及颈后具白色点斑，上体蓝灰色，腰银白色。雌鸟头部灰色较重，喉白色，与颊斑之间有灰色的下颊纹，眉略具浅色点。幼鸟似雌鸟但色暗，上体多橄榄色。虹膜褐色；喙近黑色；脚蓝灰色。

生态习性　常成群活动于阔叶树上，也跳跃穿梭于灌丛间，有时与大山雀等混群活动。食物以昆虫为主。

保护现状　无危（LC），中国特有种。

分布范围　除新疆、西藏外，见于各省份。

黄腹山雀（雄）　摄影／匡中帆

120. 大山雀

Parus minor

英文名：Great Tit
体　长：12~14cm

形态特征　结实的黑色、灰及白色山雀。头辉蓝黑色；两颊具大型白斑；上体蓝灰色，上背沾黄绿色；胸、腹部白色，中央贯显著黑色纵纹。两性相似。雄鸟胸带较宽，幼鸟胸带减为胸兜。虹膜褐色；喙黑色；跗跖和趾紫褐色，爪褐色。

生态习性　通常栖息于山区阔叶林、针叶林、针阔混交林、竹林及河谷耕作区的经济林木上，有时也见于灌木丛间或果园内。鸣声的基调似"子伯、子伯"或"子嘿、子嘿"。

保护现状　无危（LC）。

分布范围　西藏，青海，黑龙江，吉林，辽宁，北京，天津，河北南部，山东，山西，陕西，内蒙古中部，宁夏，甘肃西部，四川，重庆，云南，贵州，湖北，湖南，江西，安徽，江苏，上海，浙江，福建，广东，香港，广西，台湾，海南。

大山雀　摄影／匡中帆

绿背山雀 摄影/孟宪伟

121. 绿背山雀
Parus monticolus

英文名：Green-backed Tit
体　长：12~15cm

形态特征 头部黑色，两颊的白色斑明显；上背绿色且具两道白色翼纹；腹部黄色沾有浅绿色，中央贯以显著的黑色纵纹。虹膜褐色；喙黑色；脚青石灰色。

生态习性 常栖息于常绿、落叶阔叶林和针阔叶混交林中。主要捕食昆虫。冬季结群。

保护现状 无危（LC）。

分布范围 西藏南部和东南部，陕西南部，宁夏，甘肃南部，云南，四川，重庆，贵州，湖北西部，湖南，广西，台湾。

小云雀 摄影／匡中帆

（三十二）百灵科 Alaudidae

122. 小云雀
Alauda gulgula

形态特征 褐色斑驳体型似鹨。略具浅色眉纹及羽冠。与鹨的区别在于喙较厚重，飞行较柔弱且姿势不同。与云雀及日本云雀的区别在于体型较小，飞行时白色后翼缘较小且叫声不同。虹膜褐色；喙角质色；跗跖肉色。

生态习性 栖息于长有短草的开阔地区。。

保护现状 无危（LC）。

分布范围 山东，陕西，甘肃，湖北，湖南，安徽，江苏，上海，宁夏，新疆，西藏，青海，四川，云南，贵州，江西北部，浙江，福建，广东，香港，澳门，广西，台湾，海南。

英文名：Oriental Skylark
体　长：14~16cm

山鹪莺 摄影/张卫民

（三十三）扇尾莺科 Cisticolidae

123. 山鹪莺
Prinia striata

英文名：Striated Prinia
体　长：15~17cm

形态特征　上体灰褐色并具黑色及深褐色纵纹；下体偏白色，两胁、胸及尾下覆羽沾茶黄色，胸部黑色纵纹明显；尾凸形且较长。非繁殖羽褐色较重，胸部黑色较少，顶冠具皮黄色和黑色细纹。虹膜浅褐色；喙黑色（非繁殖羽褐色）；脚偏粉色。

生态习性　多栖息于高草及灌丛，常在耕地活动。雄鸟于突出处作叫。以昆虫等为食。

保护现状　无危（LC）。中国特有种。

分布范围　河南南部，陕西，甘肃东南部，西藏，云南，重庆，湖北，湖南，安徽，江西，江苏，四川，贵州，上海，浙江，福建，广东，澳门，广西，台湾。

124. 纯色山鹪莺

Prinia inornata

英文名：Plain Prinia

体　长：13~15cm

形态特征　繁殖羽上体灰褐色微沾棕色，头顶较暗；眉纹纤细呈淡棕白色；下体淡棕白色，胁、覆腿羽和尾下覆羽沾棕色；尾羽灰褐色，端缘微白色，次端斑黑褐色。非繁殖羽上体暗棕褐色，头顶隐现暗褐色羽干纹；下体橙棕色；颏、喉稍浅淡；尾羽较长。两性相似。虹膜浅褐色；上喙暗褐色，下喙黄褐色；脚粉红色。

生态习性　栖息于低山丘陵、河谷、平原地区的稀树灌丛、草丛、田园耕地和居民园林等生境中。性活泼，头尾常高高耸起，结小群活动。

保护现状　无危（LC）。

分布范围　山东，云南，四川西部，重庆，贵州，湖北，湖南，安徽，江西，江苏，上海，浙江，福建，广东，香港，澳门，广西，海南，台湾。

钝翅苇莺 摄影/程立

（三十四）苇莺科 Acrocephalidae

125. 钝翅苇莺
Acrocephalus concinens

英文名： Blunt-winged Warbler

体　长： 13~14cm

形态特征 单调棕褐色无纵纹。两翼短圆，白色的短眉纹不及眼后，无第二道上眉纹。上体深橄榄褐色，腰及尾上覆羽棕色。具深褐色的过眼纹，但眉纹上无深色条带。下体白色，胸侧、两胁及尾下覆羽沾皮黄色。虹膜褐色；上喙色深，下喙色浅；脚偏粉色，脚底蓝色。

生态习性 常活动于芦苇地、水稻田边的灌丛和草丛间。以昆虫为食。

保护现状 无危（LC）。

分布范围 北京，河北，山东，河南，山西，陕西南部，甘肃南部，西藏东部，云南西部，四川，重庆，贵州，湖北，湖南，安徽，江西，上海，浙江，广东，广西。

小鳞胸鹪鹛　摄影／匡中帆

（三十五）鳞胸鹪鹛科 Pnoepygidae

126. 小鳞胸鹪鹛
Pnoepyga pusilla

形态特征　上体包括两翅及尾的表面等均呈沾棕的暗褐色，头顶和上背各羽缘黑褐色，翅上覆羽大都缀以棕黄色点状次端斑，飞羽渲染栗褐色，尾羽极短且具狭窄的棕色端；颏、喉、胸和腹亦白色，胸部的褐色羽缘特别明显，呈鳞片状；两胁黑褐色。虹膜暗褐色；上喙黑褐色，下喙稍淡，喙基黄褐色；脚和趾均褐色。

生态习性　性隐匿，常在稠密灌木丛或竹林树根间的地面上急速奔跑。受惊时潜入密丛深处，从不远飞。性羞怯，体型虽小，但叫声却很洪亮。平时不常鸣叫。食物为植物的叶、芽及昆虫等。

保护现状　无危（LC）。

英文名：Pygmy Cupwing
体　长：8~9cm

分布范围　陕西南部，甘肃南部，西藏东南部，云南，四川，重庆，贵州，湖北，湖南，安徽，江西东北部，浙江，福建，广东，广西。

棕褐短翅蝗莺 摄影/孟宪伟

（三十六）蝗莺科 Locustellidae

127. 棕褐短翅蝗莺
Locustella luteoventris

英文名： Brown Bush Warbler

体 长： 13~15cm

形态特征 通体褐色。两翼宽短，皮黄色的眉纹甚不清晰。颏、喉及上胸白色；脸侧、胸侧、腹部及尾下覆羽浓皮黄褐色，尾下覆羽羽端近白色而看似有鳞状纹。幼鸟喉皮黄色，喙细长而略具钩，额圆。喙较细。虹膜褐色；上喙色深，下喙粉红色；脚粉红色。

生态习性 栖息于海拔1200~3300m的秃山及松林空地间的次生灌丛、草地及蕨丛。常隐匿，站姿较平。

保护现状 无危（LC）。

分布范围 北京，天津，河北，河南，陕西南部，西藏，青海，云南，四川，重庆，贵州，湖北，湖南，江西，浙江，福建，广东，广西，海南。

128. 斑胸短翅蝗莺
Locustella thoracica

英文名：Spotted Bush Warbler
体　长：12~14cm

形态特征　通体褐色。两翼短宽，眉纹苍白色；上体褐色，顶冠沾棕色；下体偏白色，喉具深色点斑，喉至下腹白色，两胁偏褐色；尾下覆羽褐色，羽端白而成宽锯齿形。喉部的黑色点斑于春季甚醒目构成完整项纹，但非繁殖羽色极淡。虹膜深褐色；喙黑色；脚粉色至褐色。

生态习性　繁殖于林线以上高至海拔4300m的柏树及杜鹃灌丛，越冬下至山麓地带及平原。性极隐秘。

保护现状　无危（LC）。

分布范围　陕西，宁夏，甘肃西北部，西藏东南部，青海东北部，云南南部，四川北部，重庆，贵州东南部，湖北，江西，广西。

斑胸短翅蝗莺　摄影/孟宪伟

高山短翅蝗莺 摄影/郭轩

129. 高山短翅蝗莺
Locustella mandelli

英文名：Russet Bush Warbler

体　长：13~14cm

形态特征　通体深褐色。具略长且宽的凸形尾。上体橄榄褐色而略沾棕色；尾橄榄色较重；颏及喉白色而具黑色纵纹；下体余部白色，颈侧沾灰色，胸侧及腹部沾橄榄褐色。尾下覆羽羽端近白色而成鳞状斑纹。虹膜褐色；上喙黑色，下喙粉色；脚粉色。

生态习性　隐匿于林缘及开阔而多灌丛山麓的密丛中，高可至海拔2800m。

保护现状　无危（LC）。

分布范围　陕西南部，云南东北部，四川，贵州，湖南，江西，浙江，福建，广东，广西，海南，台湾。

130. 四川短翅蝗莺
Locustella chengi

英文名：Sichuan Bush Warbler
体　长：13~14cm

形态特征　通体褐色。似高山短翅蝗莺，但上体少棕色调而多橄榄色调。喉部无斑点，只有暗色羽干纹。初级飞羽较长，尾羽较短。尾下覆羽成鳞状斑纹。虹膜褐色；喙黑色，脚粉色。

生态习性　繁殖期活动于海拔1000~2275m的阔叶林或混交林缘的草坡或灌丛；非繁殖期下迁至较低海拔地带的相似生境中。常单独或成对活动。繁殖期雄鸟会站在灌丛或草丛顶端鸣唱，也会在草丛下部鸣唱，在适宜生境内可集成小群。性胆小而隐蔽，觅食或移动时在灌丛下部安静地快速穿行。

保护现状　近危（NT）。中国特有种。

分布范围　陕西，四川，贵州，湖北，湖南，江西。

四川短翅蝗莺　摄影/程立

崖沙燕 摄影/韦铭

（三十七）燕科 Hirundinidae

131. 崖沙燕
Riparia riparia

英文名： Sand Martin
体　长： 12~13cm

形态特征　通体褐色。上体暗褐色，额、腰和尾上覆羽色较淡；翼上内侧飞羽和覆羽与背同色，但羽端稍淡；外侧飞羽和覆羽及尾羽等均为黑褐色，尾羽羽缘灰白色，具暗黑褐色横斑；眼先黑褐色，耳羽灰褐色；颏、喉灰白色；胸具完整清晰的灰褐色环带，下体余部淡灰白色。虹膜褐色；喙和脚黑色。

生态习性　生活于沼泽及河流之上，在水上疾掠而过或停栖于突出树枝，飞行捕食昆虫。

保护现状　无危（LC）。

分布范围　见于各省份。

132. 家燕
Hirundo rustica

英文名：Barn Swallow
体　长：17~20cm

形态特征　通体包括尾羽延长部辉蓝色及白色。头顶和整个上体呈钢蓝黑色，闪耀金属光泽；颏、喉栗红色，上胸具蓝色横带；胸、腹至尾下覆羽纯白色或淡棕白色，无斑纹；尾黑色，呈铗尾型；尾羽除中央一对外，其余内翈均具白斑。亚成鸟体羽色暗，尾无延长。虹膜褐色；喙和脚黑色。

生态习性　常见成群低空飞行，或栖息于电线上；每年3月中旬即由南方迁来，11月才离去；营巢于住宅内的墙壁、房梁上、或屋檐下。巢呈半碗状。

保护现状　无危（LC）。

分布范围　见于各省份。

家燕　摄影/张海波

烟腹毛脚燕 摄影/孟宪伟

133. 烟腹毛脚燕
Delichon dasypus

英文名：Asian House Martin
体　长：11~13cm

形态特征　前额、头顶至背羽呈辉亮的钢蓝黑色；腰羽白色；尾浅叉；颏、喉和下体余部白色而渲染烟灰色；跗跖和趾被白色绒羽。虹膜褐色；喙黑色；脚粉红色，被白色羽至趾。

生态习性　单独或成小群，与其他燕或金丝燕混群。比其他燕更喜留在空中，多见其于高空翱翔。食物以昆虫为主。

保护现状　无危（LC）。

分布范围　黑龙江，江苏东部，上海，福建中部，北京，山西南部，陕西南部，甘肃西北部，宁夏，西藏南部，青海，云南西北部，四川，重庆，贵州东北部，湖北西部，湖南，安徽，江西，浙江，福建，广东，香港，广西，台湾。

134. 金腰燕
Cecropis daurica

英文名：Red-rumped Swallow
体　长：16~20cm

形态特征　头顶和背蓝黑色；腰栗黄色；下体淡棕白色而满布黑色纵纹，尾长而叉深。虹膜褐色；喙和脚黑色。

生态习性　多分布于山区海拔较高的村寨，常见成群飞翔，捕食空中飞虫。

保护现状　无危（LC）。

分布范围　黑龙江，吉林，内蒙古，新疆，宁夏，甘肃西部和南部，西藏南部和东部，青海东部和南部，辽宁，北京，天津，河北，山东，河南，山西，陕西，甘肃，云南，四川，重庆，贵州，湖北，湖南，安徽，江西，江苏，上海，浙江，福建，广东，香港，澳门，广西，台湾。

金腰燕　摄影／匡中帆

领雀嘴鹎 摄影/沈惠明

（三十八）鹎科 Pycnonotidae

135. 领雀嘴鹎
Spizixos semitorques

形态特征 整体偏绿色。喙短厚，上喙下弯；头黑色；上体暗橄榄绿色，下体橄榄黄色；喉白色，喙基周围近白色，脸颊具白色细纹；尾羽与上体同色，尾端近黑色。颊与耳羽为黑白相间；胸部具一条半环状白领。两性相似。虹膜褐色；喙浅黄色；脚偏粉色。

生态习性 栖息于海拔 350m 的平坝到海拔 2000m 的高山上的树林里、灌丛中，还多见于海拔 500~1000m 的丘陵地区。性喜结群，有时也见单独或成对活动觅食。

英文名： Collared Finchbill
体　长： 21~23cm

保护现状 无危（LC）。

分布范围 河南南部，山西，陕西，甘肃南部，云南，四川，重庆，贵州，湖北，湖南，安徽，江西，上海，浙江，福建，广东，广西，台湾。

黄臀鹎 摄影 / 孟宪伟

136. 黄臀鹎
Pycnonotus xanthorrhous

形态特征 头黑色，羽冠不明显；近下喙基部具一块微小红色斑点；上体褐色；耳羽略浅；喉白色；下体近白色；上胸具浅褐色横带；尾下覆羽深黄色。耳羽褐色，胸带灰褐色，尾端无白色。虹膜褐色；喙黑色；脚黑色。

生态习性 分布在海拔 240~2600m 的地方。性情活泼，喜集群，常在村寨附近和溪流边的灌丛中与树枝间跳跃或觅食。

英文名：Brown-breasted Bulbul
体　长：19~21cm

保护现状 无危（LC）。

分布范围 西藏东南部，河南，陕西，甘肃中部和南部，云南，四川，重庆，贵州，湖北，湖南，安徽，江西，江苏，上海，浙江，福建，广东，澳门，广西。

137. 白头鹎
Pycnonotus sinensis

英文名: Light-vented Bulbul
体　长: 18~20cm

形态特征　额与头顶纯黑色；两眼上方至枕后呈白色；上体灰褐色或暗石板灰色，具不明显的黄绿色纵纹；翅、尾均黑褐色，具明显的黄绿色羽缘；喉白色；胸染灰褐色，形成一道宽阔而不明显的横带；腹部白色，缀以淡绿黄色纵纹；尾下覆羽白色。两性相似。幼鸟头橄榄色，胸具灰色横纹。虹膜褐色；喙近黑色；脚黑色。

生态习性　性活泼，结群于果树上活动。有时从栖处飞行捕食。杂食性，食物包括各种昆虫和蜘蛛、植物性食物有叶、果实和种子等。

保护现状　无危（LC）。

分布范围　除新疆、西藏外，见于各省份。

白头鹎　摄影/沈惠明

绿翅短脚鹎 摄影/张海波

138. 绿翅短脚鹎
Hypsipetes mcclellandii

形态特征 通体橄榄色。头顶栗褐色，羽毛尖形，具有浅色轴纹；上体深灰褐色；颈侧染红棕色；飞羽和尾羽的表面呈亮橄榄绿色；喉灰而具白色纵纹，羽端尖细；下体棕白色；胸部浓暗；尾下覆羽呈浅黄色。虹膜褐色；喙近黑色；脚粉红色。

生态习性 栖息于阔叶林、针叶林、针阔混交林或次生林中，也见于溪流河畔或村寨附近的竹林、杂木林。大都三五只或十余只结小群活动于乔木中层，偶尔单独活动。杂食性，食物以植物性为主。

保护现状 无危（LC）。

英文名：Mountain Bulbul
体　长：21~24cm

分布范围 西藏，河南南部，陕西南部，甘肃南部，云南，四川，重庆，贵州，湖北，湖南，安徽，江西，浙江，福建，广东，香港，广西，海南。

139. 栗背短脚鹎
Hemixos castanonotus

英文名：Chestnut Bulbul

体　长：19~22cm

形态特征　上体栗褐色，头顶黑色而略具羽冠，喉白色，腹部偏白色；胸及两胁浅灰色；两翼及尾灰褐色，覆羽及尾羽边缘绿黄色。虹膜褐色；喙深褐色；脚深褐色。

生态习性　常结成活跃小群。藏身于甚茂密的植丛。分布于海拔较低的丘陵地带，性活泼，群集活动。鸣声嘈杂，有时作有韵律的鸣唱。

保护现状　无危（LC）。

分布范围　河南南部，云南东南部，贵州，湖北，湖南，安徽，江西，上海，浙江，福建，广东，香港，澳门，广西，海南。

栗背短脚鹎　摄影 / 程立

140. 黑短脚鹎
Hypsipetes leucocephalus

英文名：Black Bulbul
体　长：23.5~26.5cm

形态特征　全身羽毛呈黑色或黑灰色，有的头、颈白色，其余体羽纯黑色或黑灰色；腹部有时灰白色；尾略分叉。两性相似。虹膜褐色；喙和脚红色。

生态习性　栖息于阔叶林、针叶林、针阔混交林、小乔木林以及山坡灌丛等生境，有时甚至活动于村寨和农田附近的次生林和灌丛中，有季节性迁移。冬季于中国南方可见到数百只的大群。多在树冠上部栖息活动。杂食性，食果实及昆虫，但以植物性食物为主。

保护现状　无危（LC）。

分布范围　西藏东南部，云南，陕西南部，甘肃南部，四川西南部和中部，重庆，山东，河南南部，贵州，湖北，湖南，安徽，江西，江苏，上海，浙江，福建，广东，香港，澳门，广西，海南，台湾。

黑短脚鹎　摄影/孟宪伟

黄眉柳莺 摄影/张卫民

（三十九）柳莺科 Phylloscopidae

141. 黄眉柳莺
Phylloscopus inornatus

英文名：Yellow-browed Warbler

体　长：10~11cm

形态特征　通体鲜艳橄榄绿色。眉纹黄白色；头顶冠纹不明显；腰无黄带；翅上具两道宽阔的黄白色翅斑；下体污白色而沾灰色，缀有淡黄色细纹；喙黑色，下喙基部黄色。两性相似。虹膜褐色；上喙色深，下喙基黄色；脚粉褐色。

生态习性　性活泼，常结群且与其他小型食虫鸟类混合，栖息于森林的中上层。

保护现状　无危（LC）。

分布范围　除新疆外，见于各省份。

黄腰柳莺 摄影/张卫民

142. 黄腰柳莺
Phylloscopus proregulus

形态特征 上体橄榄绿色；头顶较暗；中央有淡绿黄色冠纹；眉纹绿黄色；腰羽柠檬黄色，形成宽阔的腰带；翅上具两道黄色翅斑；下体污白色；胁和尾下覆羽沾黄绿色。两性相似。虹膜褐色；喙黑色，喙基橙黄色；脚粉红色。

生态习性 栖息于亚高山林，夏季高可至海拔4200m的林线，越冬在低地林区及灌丛。繁殖期多见单个或成对活动，非繁殖期多结群。

保护现状 无危（LC）。

分布范围 见于各省份。

英文名：Pallas's Leaf Warbler
体　长：9~10cm

棕眉柳莺 摄影/张明

143. 棕眉柳莺
Phylloscopus armandii

形态特征 上体橄榄褐色；眉纹棕黄色；贯眼纹暗褐色；颊和耳羽棕褐色；下体棕白色；腹部渲染黄色细纹；胸和胁染棕褐色；尾下覆羽皮黄色。尾略分叉，喙短而尖。特征为喉部的黄色纵纹常隐约贯胸而及至腹部，尾下覆羽黄褐色。两性相似。虹膜褐色；上喙褐色，下喙较淡；脚黄褐色。

生态习性 常在亚高山云杉林中的柳树及杨树群落活动。于低灌丛下的地面取食。繁殖期多见成对或单独活动，非繁殖期结群。以昆虫为食。

保护现状 无危（LC）。

英文名： Yellow-streaked Warbler
体　长： 12~14cm

分布范围 辽宁，北京，天津，河北，山西，陕西，内蒙古中部和东部，宁夏，甘肃南部，西藏东部，青海，香港，云南，四川，重庆，贵州，湖北，湖南北部，江西，广西。

华西柳莺 摄影/韦铭

144. 华西柳莺
Phylloscopus occisinensis

形态特征 两性相似。具有鲜黄色的长眉纹，前半段尤明显，贯眼纹较宽；下体黄色较鲜艳，具明显的胸带，腹部黄色较浅，两胁淡灰棕色。虹膜褐色；上喙黑褐色，下喙基本浅褐色；脚棕褐色。

生态习性 栖息于海拔5000m以下的森林和的灌丛。冬季下移到低海拔生境。

保护现状 无危（LC）。

分布范围 陕西南部，内蒙古西部，宁夏，甘肃，新疆东部，西藏东部，青海东部和北部，云南，四川，重庆，贵州，湖北，湖南，广西。

英文名：Alpine Leaf Warbler
体　长：10~11cm

145. 褐柳莺
Phylloscopus fuscatus

英文名：Dusky Warblerr
体　长：11~12cm

形态特征　通体为单一褐色。外形甚显紧凑而墩圆，两翼短圆，尾圆而略凹。上体灰褐色，飞羽有橄榄绿色的翼缘。下体乳白色，胸及两胁沾黄褐色。喙细小，腿细长。虹膜褐色；上喙色深，下喙偏黄色；脚偏褐色。

生态习性　隐匿于海拔4000m以下的沿溪流、沼泽周围及森林中潮湿灌丛的浓密低植被之下。翘尾并轻弹尾及两翼。

保护现状　无危（LC）。

分布范围　见于各省份。

褐柳莺　摄影/黄吉红

棕腹柳莺 摄影/张海波

146. 棕腹柳莺
Phylloscopus subaffinis

形态特征 通体橄榄绿色。眉纹暗黄色且无翼斑。外侧3枚尾羽具狭窄白色羽端及羽缘。耳羽较暗，喙略短，下喙尖端色深。眉纹尤其于眼先不显著，且其上无狭窄的深色条纹。眉纹淡而少橘黄色。虹膜褐色；喙深角质色而具偏黄色的喙线，下喙基黄色；脚深色。

生态习性 垂直迁移的候鸟，夏季栖息于山区森林及灌丛高可至海拔3600m，越冬在山丘及低地。藏匿于浓密的林下植被，夏季成对，越冬结小群。不安时两翼下垂并抖动。

保护现状 无危（LC）。

英文名：Buff-throated Warbler
体　长：10~11cm

分布范围 山东，陕西南部，甘肃南部，新疆东部，青海东部和南部，云南，四川，重庆，贵州，湖北，湖南，安徽，江西，江苏，上海，浙江，福建，广东，广西。

白眶鹟莺 摄影/孟宪伟

147. 白眶鹟莺
Seicercus affinis

形态特征 成鸟前额灰色沾浅黄绿色，头顶至后枕灰色，侧冠纹灰黑色；眼先和颊黄绿色；耳羽至颈侧亦呈灰色；眼圈白色，眼周灰黑色，眉纹灰前端稍沾黄绿色；后颈至上背橄榄绿沾灰色，肩羽和背至尾上覆羽呈鲜亮的橄榄黄绿色；翅和尾羽暗褐色，中覆羽和大覆羽先端黄色，形成两道翼斑，外侧3对尾羽内翈白色；颏、喉浅黄色，胸和腹部及尾下覆羽亮黄色，胸侧和胁部沾橙黄色；翅缘、翅下覆羽和腋羽鲜亮黄色。虹膜褐色；上喙色深，下喙黄色；脚黄色。

生态习性 栖息于山区潮湿森林中的竹林密丛。越冬至山麓地带且加入混合鸟群。

英文名： White-spectacled Warbler
体　长： 10~11cm

保护现状 无危（LC）。

分布范围 西藏东部和南部，云南南部和东南部，江西东北部，浙江，福建西北部，广东，广西，贵州。

灰冠鹟莺 摄影/匡中帆

148. 灰冠鹟莺
Seicercus tephrocephalus

英文名：Grey-crowned Warbler
体　长：10~11cm

形态特征　成鸟头顶中央冠纹蓝灰色明显，侧冠纹乌黑色；眼先、眉纹和耳羽及眼下橄榄绿褐色，缀黄色细纹，眼眶亮金黄色，黄色眼圈在眼后方断开；背至尾上覆羽和肩羽暗橄榄绿色；翅上覆羽和飞羽黑褐色，外缘橄榄绿色，无翼斑。尾羽黑褐色。颏、喉胸和腹部及尾下覆羽辉金黄色；翅缘和翅下覆羽及腋羽亮黄色。虹膜暗褐色；上喙黑色，下喙色浅；脚偏黄色。

生态习性　栖息于热带和亚热带山地林缘灌木林及竹林、稀树灌丛地带，常见在枝叶丛中活动，觅食昆虫。

保护现状　无危（LC）。

分布范围　陕西南部，甘肃，云南，四川西部，贵州，湖北西部，湖南，广东。

149. 比氏鹟莺

Seicercus valentini

英文名：Bianchi's Warbler
体　长：11~12cm

形态特征　有翼带；黄色眼眶；灰色冠，侧贯纹止于额上。成鸟头顶中央冠纹橄榄灰色，沾绿色；侧冠纹乌黑色；眉纹暗橄榄绿色沾灰色；上体暗绿色。虹膜暗褐；上喙角褐色，下喙黄色；脚暗黄色。

生态习性　结群活动于阔叶林间。食物主要为昆虫。

保护现状　无危（LC）。

分布范围　北京，河南，陕西南部，宁夏南部，甘肃南部，云南南部，四川，重庆，贵州，湖北北部，湖南，安徽，江西，上海，浙江，福建，广东，香港，澳门，广西，海南。

比氏鹟莺　摄影／匡中帆

淡尾鹟莺 摄影/郭轩

150. 淡尾鹟莺

Seicercus soror

形态特征 无翼斑，黄色眼眶；顶冠纹前端橄榄绿色，和侧冠纹的界限较模糊，侧贯纹止于额上。上体暗绿色，颏、喉胸和腹部及尾下覆羽亮黄色。虹膜暗褐色；上喙角褐色，下喙黄色；脚暗黄色。

生态习性 栖息于海拔600~1500m的山地常绿阔叶林和次生林。分布海拔低于比氏鹟莺。常在林下快速飞捕昆虫。

保护现状 无危（LC）。

分布范围 北京，天津，河北，河南南部，陕西南部，云南南部，四川，重庆，贵州，江西，江苏东部，上海，浙江，福建，广东，香港。

英文名：Alström's Warbler
体 长：11~12cm

151. 峨眉鹟莺
Seicercus omeiensis

英文名：Martens's Warbler
体　长：11~12cm

形态特征　顶冠纹灰色、侧冠纹黑色，羽色鲜亮，眼圈完整且为黄色，头部图纹对比不甚明显，尾部白色少。

生态习性　繁殖于温带森林，越冬于亚热带和热带地区潮湿山地森林中。鸣唱声以快速颤音收尾，鸣叫声为细微的"chup"声。

保护现状　无危（LC）。

分布范围　贵州，陕西南部，甘肃南部，云南，四川西部，重庆，湖北，海南，香港。

峨眉鹟莺　摄影/程立

暗绿柳莺 摄影/董磊

152. 暗绿柳莺
Phylloscopus trochiloides

形态特征 上体橄榄绿色，头顶较暗，腰较淡。通常仅具一道黄白色翼斑，尾无白色，长眉纹黄白色，顶纹偏灰色。下体淡黄白色，尤以两胁和尾下覆羽更多黄色。虹膜褐色，上喙角质色，下喙偏粉色；脚褐色。

英文名：Greenish Warbler

体　长：11~12cm

生态习性 夏季栖息于高海拔的灌丛及林地，越冬于低地森林、灌丛及农田。捕食昆虫等。

保护现状 无危（LC）。

分布范围 北京，河南，内蒙古中部，宁夏，西藏东部和南部，青海，云南，海南，陕西南部，甘肃南部，四川，贵州，湖北，江西，香港，广西，新疆。

153. 峨眉柳莺
Phylloscopus emeiensis

英文名: Emei Leaf Warbler
体　长: 11~12cm

形态特征 冠纹和侧冠纹都不明显,眉纹偏黄色,贯眼纹比较弱,显得整个头部的颜色平淡,耳羽边缘色深。上半身绿色沾灰黄色,绿色不是很鲜艳;下半身灰白色沾黄色,尾下覆羽黄色;具粗黄色双翼带,双翼带中间羽色较淡;外侧尾羽内翈具白边,但不宽。虹膜褐色;上喙色深,下喙肉质色;脚粉褐色。

保护现状 无危(LC)。中国特有种。

生态习性 繁殖于亚热带阔叶林,高可至海拔1900m。取食于树冠层及灌丛层。

分布范围 陕西南部,云南中部,四川,贵州,湖北西部,湖南西北部,广东,香港。

峨眉柳莺　摄影/韦铭

栗头鹟莺 摄影/孟宪伟

154. 栗头鹟莺
Phylloscopus castaniceps

形态特征 头顶棕栗色，侧冠纹黑色；上背灰色，下背橄榄绿色；腰和尾上覆羽亮黄色；眼圈白色；颊和颔、喉至胸部灰色；腹黄色或白色；胁部及尾下覆羽黄色；外侧1对或2对尾羽内翈白色。两性相似。虹膜褐色；上喙黑色，下喙浅；脚角质灰色。

生态习性 活跃于山区森林，在小树的树冠层积极觅食。常与其他种类混群。

保护现状 无危（LC）。

分布范围 西藏南部和东部，云南，河北，河南，陕西南部，甘肃南部，四川，重庆，贵州，湖北，湖南，安徽，江西，上海，浙江，福建，广东，香港，广西。

英文名：Chestnut-crowned Warbler
体　长：9~10cm

黑眉柳莺 摄影/匡中帆

155. 黑眉柳莺
Phylloscopus ricketti

英文名： Sulphur-breasted Warbler
体　长： 11~12cm

形态特征　头顶有一道显著的绿黄色中央冠纹和两道显著的黑色侧冠纹；眉纹黄绿色；贯眼纹黑色；上体橄榄绿色；翅上具两道不明显的黄色翅斑；下体鲜黄色，外侧尾羽具白色狭缘。两性相似。虹膜褐色；上喙色深，下喙偏黄色；脚黄粉色。

生态习性　性活泼，常与其他莺类混群。栖息于海拔1500m以下的丘陵混合林。

保护现状　无危（LC）。

分布范围　河南，陕西，甘肃东南部，云南东南部，四川，重庆，贵州，湖北，湖南，江西，上海，浙江，福建，广东，香港，广西。

西南冠纹柳莺 摄影/匡中帆

156. 西南冠纹柳莺
Phylloscopus reguloides

形态特征 两性相似。翅上具 2 道宽阔的黄色翅斑；头顶冠纹较显著；胸、腹部灰白色而稍缀淡黄色细纹，外侧尾羽内缘白色。两翼轮换鼓振。虹膜褐色；上喙色深，下喙粉红色；脚偏绿色至黄色。

英文名：Blyth's Leaf Warbler
体　长：10~11cm

生态习性 性活泼，有时倒悬于树枝下方取食。食物主要为昆虫。

保护现状 无危（LC）。

分布范围 西藏南部和东南部，云南西北部，四川西南部，贵州。

157. 白斑尾柳莺
Phylloscopus ogilviegranti

英文名：Kloss's Leaf Warbler

体　长：10.5~11cm

形态特征　上体亮绿色，具两道近黄色的翼斑；下体白色而染黄色；顶纹模糊，粗眉纹黄色，过眼纹近深绿色；外侧3枚尾羽具白色内缘，且延至外翈。外侧尾羽的白色较多。虹膜褐色；上喙色深，下喙粉红色；脚粉褐色。

生态习性　两翼同时快速鼓振，与冠纹柳莺相反。

保护现状　无危（LC）。

分布范围　陕西，云南，四川，重庆，贵州，湖南，广西，江西，浙江，福建，广东。

白斑尾柳莺　摄影／田穗兴

棕脸鹟莺 摄影/匡中帆

（四十）树莺科 Cettiidae

158. 棕脸鹟莺
Abroscopus albogularis

形态特征 头栗色，具黑色侧冠纹，白色眼圈不显著且无翼斑。上体绿色，腰黄色。下体白色，颏及喉杂黑色斑点，上胸沾黄色。虹膜褐色；上喙色暗，下喙色浅；脚粉褐色。

英文名：Rufous-faced Warbler
体　长：8~10cm

生态习性 栖息于常绿林及竹林密丛，捕食昆虫等。

保护现状 无危（LC）。

分布范围 西藏东南部，河南南部，陕西南部，甘肃南部，云南，四川，重庆，贵州，湖北，湖南，安徽，江西，浙江，福建，广东，香港，广西，海南，台湾。

159. 远东树莺
Horornis canturians

形态特征 通体棕色。皮黄色的眉纹显著,眼纹深褐色,无翼斑或顶纹。头顶近棕红色,与枕背部形成对比。体型明显大于强脚树莺,尾较长。下体暗褐色。虹膜褐色;上喙褐色,下喙色浅;脚粉红色。

生态习性 繁殖期活动于海拔1500m以下稀疏的阔叶林和灌丛中,喜林缘附近的灌丛或高草丛;迁徙及越冬时常出现于平原或丘陵地带的疏林或灌丛。通常尾略上翘。繁殖期常站在灌丛的突出枝上鸣唱。

英文名:Manchurian Bush Warbler
体　长:15~18cm

保护现状 无危(LC)。

分布范围 黑龙江东部和南部,吉林,辽宁,北京,天津,山东,内蒙古中部和东部,河北,河南,山西,陕西,甘肃南部,云南,四川,重庆,贵州,湖北,湖南,安徽,江西,江苏,上海,浙江,福建,广东,广西,海南,台湾。

远东树莺　摄影/沈惠明

强脚树莺 摄影/张海波

160. 强脚树莺
Horornis fortipes

形态特征 通体暗褐色。上体纯棕橄榄褐色，眉纹皮黄色而较狭细，贯眼纹暗褐色；下体浅皮黄色，体侧黄褐色。两性相似。甚似黄腹树莺但上体的褐色多且深，下体褐色深而黄色少，腹部白色少，喉灰色亦少；叫声也有别。虹膜褐色；上喙深褐色，下喙基色浅；脚肉棕色。

生态习性 隐于浓密灌木丛，易闻其声但难将其赶出一见。通常单独或两三只结小群活动。鸣声响亮而动听，十分悦耳。主要以昆虫为食，兼食少量种子。

保护现状 无危（LC）。

英文名：Brownish-flanked Bush Warbler
体　长：11~13cm

分布范围 西藏南部，北京，河南，山西，陕西南部，甘肃南部，云南，四川，重庆，贵州，湖北，湖南，安徽，江西，江苏，上海，浙江，福建，广东，香港，广西，台湾。

161. 黄腹树莺
Horornis acanthizoides

形态特征 上体全褐色，但顶冠有时略沾棕色，腰有时多呈橄榄色。飞羽的棕色羽缘形成对比性的翼上纹理。眉纹白色或皮黄色，甚长，至眼后。喉及上胸灰色，两侧略染黄色；两胁、尾下覆羽及腹中心皮黄白色。似体型较大的强脚树莺但色彩较淡，腹部多黄色，喉及上胸灰色较重，下腹部较白色。比异色树莺体小，上体褐色较重，喉更灰。虹膜褐色；上喙色深，下喙粉红色；脚粉褐色。

生态习性 栖息于浓密灌丛和林下覆盖区及浓密竹林，夏季见于海拔1500~4000m的山地，冬季下至海拔1000米。

英文名：Yellow-bellied Bush Warbler

体　长：10~11cm

保护现状 无危（LC）。

分布范围 河南，陕西，甘肃南部，青海，云南西部，四川北部，重庆，贵州，湖北，湖南，安徽，江西，福建东北部，广东，广西，台湾。

黄腹树莺　摄影/王大勇

红头长尾山雀 摄影/吴忠荣

（四十一）长尾山雀科 Aegithalidae

162. 红头长尾山雀
Aegithalos concinnus

形态特征 头顶栗红色；背蓝灰色；喉部中央具黑色斑块；胸带和两胁栗红色；翅和尾黑褐色。两性相似。幼鸟头顶色浅，喉白色，具狭窄的黑色项纹。虹膜黄色；喙黑色；脚橘黄。

生态习性 喜栖息于针叶林、阔叶林和竹林灌丛间。常十余只或数十只结群活动。食物主要为昆虫。

保护现状 无危（LC）。

英文名：Black-throated Tit
体　长：9~12cm

分布范围 西藏南部和东南部，山东，河南南部，陕西南部，内蒙古中部，甘肃南部，云南，四川，重庆，贵州，湖北，湖南，安徽，江西，江苏，上海，浙江，福建，广东，香港，广西，台湾。

金胸雀鹛　摄影/张卫民

（四十二）鸦雀科 Paradoxornithidae

163. 金胸雀鹛
Lioparus chrysotis

形态特征　色彩鲜艳。额、头顶及后颈黑色，头顶中央具有一白色纵带，上体余部灰橄榄绿色。次级飞羽的外缘呈橙黄色，而具白端；最内侧飞羽黑色，而内翈有白色宽缘；尾羽灰黑色，羽基外缘橙黄色，眼先、颊的前部黑色，颊后部及耳羽白色。颔、喉部与上胸中部纯黑色，下体余部金黄色。虹膜淡褐色；喙灰蓝色；脚肉色。

生态习性　群栖型，活动于海拔950~2600m的灌丛及常绿林，性活泼。啄食昆虫和禾本科草籽。

保护现状　国家二级保护野生动物，无危（LC）。

英文名：Golden-breasted Fulvetta

体　长：10~11cm

分布范围　云南，陕西南部，甘肃南部，四川，重庆，贵州，湖北，湖南西北部和南部，广东，广西。

灰头雀鹛 摄影/张海波

164. 灰头雀鹛
Fulvetta cinereiceps

形态特征 灰色的头部和栗褐色上背界线明显，不明显的浅褐色侧冠纹至前额；喉白色，具褐色细纵纹。背、肩及翼覆羽暗棕褐色，腰和尾上覆羽转为棕黄色，两翅灰黑色；尾羽暗褐色，外翈缘以橄榄黄色；眼先暗褐色，头和颈的两侧以及颏、喉部、胸和腹均为乌灰白色，下胁和尾下覆羽棕黄色。虹膜暗褐色；喙黑褐色；脚淡褐色。

生态习性 栖息于中高海拔森林，从阔叶林到冷杉林的林下灌丛和竹林。性嘈杂，喜成对或集小群活动于植被中下层。

保护现状 无危（LC）。中国特有种。

英文名：Grey-hooded Fulvetta
体　长：12~14cm

分布范围 河南，陕西南部，宁夏，甘肃，青海东部，云南东北部，四川，重庆，贵州北部和西部，湖北西部和中部，湖南，广西，江西，福建西北部，广东北部。

棕头鸦雀 摄影/张卫民

165. 棕头鸦雀
Sinosuthora webbianus

英文名：Vinous-throated Parrotbill
体　长：11~13cm

形态特征　头顶至上背红棕色；下背和腰橄榄褐色；翅和尾暗褐色，翅的边缘渲染栗棕色；喉略具细纹；喉和胸粉红色或灰色；腹部淡黄褐色；眼圈不明显。两性相似。虹膜褐色；喙灰色或褐色，喙端色较浅；脚粉灰色。

生态习性　活泼而好结群，通常于林下植被及低矮树丛下活动。轻轻的"呸"声易引出此鸟。以动物性食物为主，也取食种子等植物性食物。

保护现状　无危（LC）。

分布范围　除新疆、西藏、青海外，见于各省份。

166. 灰喉鸦雀
Sinosuthora alphonsiana

英文名：Ashy-throated Parrotbill
体　长：11~13cm

形态特征　通体灰褐色。喙小，粉红色。与棕头鸦雀的区别在于头侧及颈褐灰色。喉及胸具不明显的灰色纵纹。虹膜褐色；喙粉红色；脚粉红色。

生态习性　活泼而好结群，通常于林下植被及低矮树丛。轻轻的"呸"声易引出此鸟。

保护现状　无危（LC）。

分布范围　云南，四川，贵州，广西，重庆。

灰喉鸦雀　摄影/张海波

金色鸦雀 摄影/程立

167. 金色鸦雀
Suthora verreauxi

形态特征 通体赭黄色。自额至上体橙赭色，背部沾橄榄色，尾上覆羽橙栗色，尾羽栗褐色，端部黑褐色，羽基外缘亮栗棕色；翼上覆羽灰黑色，沾橙色。两翅黑褐色，除第1枚初级飞羽外，外翈白色。眼先、短小眉纹、颊及颈侧均为白色。耳羽淡橙棕色，颏、喉部黑色。胸侧、腹侧淡橙赭色，下体其余部分近白色。虹膜深褐色；上喙灰色，下喙带粉色；脚带粉色。

生态习性 栖息于杂木林中，常在灌木丛中活动。结小群，游荡觅食，且低声鸣叫不止。

保护现状 近危（NT）。

英文名：Golden Parrotbill
体　长：9~11cm

分布范围 陕西南部，云南东北部和南部，四川，重庆，贵州，湖北，湖南，江西东北部，福建西北部，广西，广东，台湾。

灰头鸦雀 摄影/匡中帆

168. 灰头鸦雀
Psittiparus gularis

形态特征 通体褐色。头灰色，头侧有黑色长条纹，喉中心黑色。下体余部白色。虹膜红褐色；喙橘黄色；脚灰色。

英文名：Grey-headed Parrotbill
体　长：16~18cm

生态习性 栖息于海拔450~1850m的低地森林的树冠层、林下植被、竹林及灌木丛。吵嚷成群。

保护现状 无危（LC）。

分布范围 陕西南部，云南，四川，重庆，贵州，湖北，湖南，安徽，江西，江苏，上海，浙江，福建，广东，广西，海南。

169. 点胸鸦雀
Paradoxornis guttaticollis

英文名：Spot-breasted Parrotbill

体　长：18~20cm

形态特征　在鸦雀中属体型较大者。额、头顶和后颈栗棕色；上体余部棕褐色；脸白色或皮黄色；耳羽黑色；下体淡皮黄色；喉和上胸具黑色矢状斑。特征为胸上具深色的倒"V"字形细纹。虹膜褐色；喙橘黄色；脚蓝灰色。

生态习性　栖息于灌丛、次生植被及高草丛。常结小群活动。以动物性食物为主，也食种子和果实等植物性食物。

保护现状　无危（LC）。

分布范围　陕西南部，云南西部和西北部，四川西部，贵州，湖北，湖南，江西，浙江，福建，广东北部，广西。

点胸鸦雀　摄影/张海波

白领凤鹛 摄影／孟宪伟

（四十三）绣眼鸟科 Zosteropidae

170. 白领凤鹛
Parayuhina diademata

形态特征 前额和头顶冠羽暗褐色；后枕和眼后枕侧及眼眶白色；眼先、颊部和颏至上喉黑色；背和喉、胸及腹部两侧全为土褐色；飞羽黑色，初级飞羽端部外翈白色；次级飞羽羽轴近白色；尾羽深褐色，羽轴白色；腹部中央和尾下覆羽白色。两性相似。虹膜偏红色；喙近黑色；脚粉红色。

生态习性 成对或结小群吵嚷活动于海拔1100~3600m的灌丛，越冬下至海拔800m。

英文名：White-collared Yuhina.
体　长：16~18cm

保护现状 无危（LC）。

分布范围 云南，广西西部，陕西南部，甘肃南部，四川，重庆，贵州，湖北，湖南西部。

171. 栗颈凤鹛
Staphida torqueola

英文名：Indochinese Yuhina
体　长：12~14cm

形态特征　头顶具灰色扇形羽冠；耳羽栗色；背、腰和尾上覆羽橄榄灰褐色，具白色羽干纹；尾与翅褐色，外侧尾羽具白端；下体浅灰色。虹膜褐色；喙红褐色，喙端色深；脚粉红色。

生态习性　栖息于沟谷雨林、常绿阔叶林和稀树灌木丛，非繁殖季节常结小群活动。

保护现状　无危（LC）。

分布范围　陕西南部，云南东南部，四川，重庆，贵州，湖北，湖南，安徽，江西，上海，浙江，福建，广东，广西。

栗颈凤鹛　摄影/张卫民

黑颏凤鹛 摄影/孟宪伟

172. 黑颏凤鹛
Yuhina nigrimenta

形态特征 前额至头顶冠羽黑色，具宽阔的灰色羽缘，形成鳞状斑纹；眼先黑色；眼圈黑褐色沾灰色；头侧和后颈部灰色；上体余部橄榄褐色；飞羽和尾羽深褐色；颏黑色；下体余部黄褐色。两性相似。虹膜褐色；上喙黑色，下喙红色；脚橘黄色。

生态习性 性活泼而喜结群，夏季多见于海拔530~2300m 的山区森林、过伐林及次生灌丛的树冠层中，但冬季下至海拔300m。有时与其他种类结成大群。以植物种子、花蜜和昆虫为食。

保护现状 无危（LC）。

英文名：Black-chinned Yuhina
体　长：9~11cm

分布范围 西藏东南部，四川南部，贵州，湖北，湖南，福建，广东。

173. 红胁绣眼鸟
Zosterops erythropleurus

英文名：Chestnut-flanked White-eye
体　长：10.5~11.5cm

形态特征　眼周具明显的白圈；体型大小和上体羽色与暗绿绣眼鸟相似，但两胁显露显著的栗红色（有时不显露），下颚色较淡，黄色的喉斑较小，头顶无黄色，可与之区别。虹膜红褐色；喙橄榄色；脚灰色。

生态习性　性活泼而喧闹，于树顶觅食小型昆虫、小浆果及花蜜。常集群活动。有时与暗绿绣眼鸟混群。

保护现状　国家二级保护野生动物，无危（LC）。

分布范围　除新疆、台湾外，见于各省份。

红胁绣眼鸟　摄影/张卫民

暗绿绣眼鸟　摄影/匡中帆

174. 暗绿绣眼鸟
Zosterops japonicus

形态特征　上体全为绿色，腹面近白色；眼周具极明显的白圈，与其他鸟类很容易区别。无红胁绣眼鸟的栗色两胁及灰腹绣眼鸟腹部的黄色带。虹膜浅褐色；喙灰色；脚偏灰色。

生态习性　性活泼而喧闹，于树顶觅食小型昆虫、小浆果及花蜜。常集群活动。

保护现状　无危（LC）。

分布范围　辽宁，北京，天津，河北，山东，河南，山西，陕西，内蒙古，甘肃，云南，四川，重庆，贵州，湖北，湖南，安徽，江西，江苏，上海，浙江，福建，广东，香港，澳门，广西，海南，台湾。

英文名：Swinhoe's White-eye
体　长：10~12cm

175. 灰腹绣眼鸟
Zosterops palpebrosus

形态特征 上体自前额至尾上覆羽和翅上覆羽概呈黄绿色；颊和耳羽黄绿色，眼周具明显的白圈；颏、喉和尾下覆羽鲜黄色；腹部的灰色较显著，沿腹中心向下具一道狭窄的柠檬黄色斑纹。虹膜黄褐色；喙黑色；脚橄榄灰色。

生态习性 喜原始林及次生植被。形成大群，与其他鸟类如山椒鸟等随意混群，在最高树木的顶层活动。

英文名：Oriental White-eye

体　长：10~11cm

保护现状　无危（LC）。

分布范围　西藏东南部，云南，四川西南部，贵州西南部，广西西南部。

灰腹绣眼鸟　摄影/沈惠明

斑胸钩嘴鹛 摄影/张海波

（四十四）林鹛科 Timaliidae

176. 斑胸钩嘴鹛
Erythrogenys gravivox

形态特征 头顶及颈背红褐色而具深橄榄褐色细纹；背、两翼及尾纯棕色；脸颊、两胁及尾下覆羽呈亮丽橙褐色；下体余部偏白色，胸具灰色点斑及纵纹。虹膜黄色至栗色；喙褐色；脚肉褐色。

生态习性 常隐于近地面的高草丛或稠密灌木丛，有时在树顶鸣叫。

保护现状 无危（LC）。

分布范围 河南西北部，山西南部，陕西南部，甘肃南部，四川，西藏，云南，重庆，贵州，湖北西南部。

英文名：Black-streaked Scimitar Babbler
体　长：21~25cm

177. 棕颈钩嘴鹛
Pomatorhinus ruficollis

英文名：Streak-breasted Scimitar Babbler

体　长：16~19cm

形态特征　头顶和背羽橄榄褐色，后颈和颈侧棕红色；具显著的白色眉纹；颏、喉至胸白色；胸部具橄榄褐色或棕栗红色与白色相间的纵纹，下体余部橄榄褐色至棕褐色。两性相似。虹膜褐色；上喙黑色，下喙黄色；脚铅褐色。

生态习性　栖息于常绿阔叶林、竹林和次生灌木丛地带。结小群活动，鸣叫声优雅动听，清脆而富有韵律。杂食性。

分布范围　西藏东南部，云南，四川，河南南部，陕西南部，甘肃西部和东南部，重庆，贵州，湖北，湖南，江苏南部，上海，浙江，江西，福建，广东北部，广西北部，海南。

保护现状　无危（LC）。

棕颈钩嘴鹛　摄影/匡中帆

178. 红头穗鹛
Cyanoderma ruficeps

形态特征 前额、头顶至后枕呈棕红色或栗红色；背羽橄榄绿褐色；脸部淡黄色，伴有斑杂褐色；飞羽和尾羽表面绿褐色；颏、喉淡黄色，具纤细的黑色羽干纹；胸和腹部中央浅灰黄色；胁和尾下覆羽橄榄绿褐色。两性相似。虹膜红色；上喙近黑色，下喙较淡；脚棕绿色。

生态习性 栖息于亚热带地区的低山丘陵和平原，常见十余只结群或数十只结群，在林缘灌草丛中活动。觅食昆虫和种子、果实等。鸣声似"呼~呼~呼呼"。

英文名：Rufous-capped Babbler
体 长：12~13cm

保护现状 无危（LC）。

分布范围 西藏东南部，河南，陕西南部，云南，四川，重庆，贵州，湖北，湖南，安徽，江西，浙江，福建，广东，广西，海南，台湾。

红头穗鹛 摄影/张卫民

褐胁雀鹛 摄影/张海波

(四十五) 幽鹛科 Pellorneidae

179. 褐胁雀鹛

Schoeniparus dubia

英文名： Rusth-capped Fulvetta

体　长： 14~15cm

形态特征　头顶棕褐色；眼先黑色；显眼的白色眉纹上有黑色的侧冠纹；上体橄榄褐色；翅和尾表面棕褐色；喉白色；下体余部浅皮黄色；两胁沾橄榄褐色。脸颊及耳羽有黑白色细纹。虹膜褐色；喙深褐色；脚粉色。

生态习性　栖息于常绿阔叶林、针阔混交林、稀树灌丛草坡、林缘耕地灌丛等生境中。多结群活动于林下灌丛中，亦常在地面腐殖土中刨食。

保护现状　无危（LC）。

分布范围　云南，四川，重庆，贵州，湖北，湖南西部，广西。

180. 褐顶雀鹛
Schoeniparus brunnea

英文名：Dusky Fulvetta
体　长：13~14cm

形态特征 顶冠棕褐色，前额黄褐色，无白色眉纹。下体皮黄色，两翼纯褐色。虹膜浅褐色或黄红色；喙深褐色；脚粉红色。

生态习性 栖息于海拔400~1830m的常绿林及落叶林的灌丛层。以昆虫和草籽等为食。

保护现状 无危（LC）。

分布范围 陕西南部，云南东北部，四川东南部，重庆，贵州，湖北，甘肃中部，四川，重庆，湖南，安徽，江西，浙江，福建，广东，广西，台湾，海南。

褐顶雀鹛　摄影/阎水健

灰眶雀鹛 摄影/张卫民

（四十六）雀鹛科 Alcippeidae

181. 灰眶雀鹛
Alcippe davidi

英文名：David's Fulvetta
体　长：12~14cm

形态特征 头顶、颈和上背褐灰色，头侧和颈侧灰色，具近白色眼圈和暗色侧冠纹；上体和翅、尾的表面橄榄褐色；喉灰色；下体余部淡皮黄色至赭黄色；两胁沾橄榄褐色。两性相似。虹膜红色；喙灰色；脚偏粉色。

生态习性 喧闹而好奇。栖息于常绿阔叶林、针阔混交林、针叶林、稀树灌丛、竹丛和农田居民区等多种生境中。常几只成群，有时多达数十只活动。

保护现状 无危（LC）。

分布范围 河南，陕西南部，甘肃东南部，云南，四川，重庆，贵州，湖北西部，湖南，江西，安徽，浙江，福建，广东东北部，澳门，广西，海南，台湾。

画眉 摄影／张卫民

（四十七）噪鹛科 Leichrichidae

182. 画眉
Garrulax canorus

形态特征 头顶至后颈和背羽橄榄褐色，渲染棕黄色；翅和尾羽棕黄褐色；喉、胸和胁部及尾下覆羽棕黄色或皮黄色；前额、头顶至上背和喉至上胸具暗褐色羽干纹；腹部中央灰色；眼圈和眉纹白色。虹膜黄色；喙偏黄色；脚偏黄色。

生态习性 栖息于热带和亚热带地区的低山丘陵地带，在灌丛、草丛、竹林中活动觅食。以昆虫（主要是甲虫、鳞翅目幼虫）、野果、草子以及蚯蚓为食。

保护现状 国家二级保护野生动物，CITES 附录 II，近危（NT）。

英文名：Chinese Hwamei

体 长：21~24cm

分布范围 河南南部，陕西南部，甘肃南部，云南，四川，重庆，贵州，湖北，湖南，安徽，江西，江苏，上海，浙江，福建，广东，香港，澳门，广西。

183. 褐胸噪鹛
Garrulax maesi

英文名：Grey Laughingthrush
体　长：27~30cm

形态特征　耳羽浅灰色，其上方及后方均具白边。海南亚种 *G. m. castanotis* 的耳羽为亮丽棕色，耳羽后几无白色，喉及上胸深褐色。虹膜褐色；喙黑色；脚深褐色。

生态习性　常结小群隐匿于山区常绿林的林下密丛。以昆虫、草籽等为食。

保护现状　国家二级保护野生动物，无危（LC）。

分布范围　西藏东南部，四川中西部，云南东北部和东南部，重庆西南部，贵州，广西，广东北部。

184. 灰翅噪鹛
Ianthocincla cineraceus

形态特征 头顶、颈背、眼后纹、髭纹及颈侧细纹黑色；上体橄榄绿褐色或棕黄褐色；初级飞羽外缘烟灰色，内侧飞羽和尾羽具白色端斑与黑色髭纹；下体皮黄色。两性相似。虹膜乳白色；喙角质色；脚暗黄色。

生态习性 成对或结小群活动于亚热带低山丘陵地带的阔叶林、针阔混交林及稀树灌丛、竹丛等生境。杂食性。

保护现状 无危（LC）。

英文名：Moustached Laughingthrush
体　长：21~24cm

分布范围 西藏东南部，陕西西南部，甘肃南部，云南西部和东南部，四川，重庆，贵州，湖北，湖南，安徽，江西，江苏，浙江，上海，福建，广东，广西。

灰翅噪鹛　摄影／吴忠荣

白颊噪鹛 摄影/张海波

185. 白颊噪鹛
Pterorhinus sannio

英文名: White-browed Laughingthrush

体 长: 22~25cm

形态特征 头顶栗红褐色；眼先、眉纹和颊部白色；背面纯棕褐色或橄榄褐色；腹部皮黄色；肛羽和尾下覆羽铁锈黄色。两性相似。皮黄白色的脸部图纹为眉纹及下颊纹由深色的眼后纹所隔开。虹膜褐色；喙褐色；脚灰褐色。

生态习性 不惧人。栖息于次生灌木丛、竹丛及林缘空地。叫声嘈杂而响亮。杂食性。

保护现状 无危（LC）。

分布范围 西藏东南部，陕西南部，甘肃南部，云南，四川，重庆，贵州，湖北，湖南，安徽，江西，浙江，福建，广东，广西，海南。

黑脸噪鹛 摄影/孟宪伟

186. 黑脸噪鹛
Pterorhinus perspicillatus

形态特征 额及眼罩黑色；上体暗褐色；外侧尾羽端宽，深褐色；下体偏灰色渐次为腹部近白色，尾下覆羽黄褐色。虹膜褐色；喙近黑色，喙端较淡；脚红褐色。

生态习性 结小群活动于浓密灌木丛、竹丛、芦苇地、田地及城镇公园。多在地面取食。性喧闹。

保护现状 无危（LC）。

分布范围 山东，河南，山西南部，陕西，云南东南部，四川，重庆，贵州，湖北，湖南，安徽，江西，江苏，上海，浙江，福建，广东，香港，澳门，广西。

英文名：Masked Laughingthrush
体　长：28~30cm

187. 黑领噪鹛
Pterorhinus pectoralis

英文名：Greater Necklaced Laughingthush
体　长：26.5~34.5cm

形态特征　头胸部具复杂的黑白色图纹。似小黑领噪鹛但区别主要在眼先浅色，且初级覆羽色深而与翼余部成对比。虹膜栗色；上喙黑色，下喙灰色；脚蓝灰色。

生态习性　吵嚷群栖；取食多在地面。与其他噪鹛包括相似的小黑领噪鹛混群。炫耀表演时并足跳动，头点动，两翼展开同时鸣叫。作长距离的滑翔。

保护现状　无危（LC）。

分布范围　西藏东南部，云南南部，河南，陕西南部，甘肃东部，四川，重庆，贵州，湖北，湖南，安徽，江西，江苏，上海，浙江，福建，广东，香港，澳门，广西，海南。

黑领噪鹛　摄影/郭轩

矛纹草鹛 摄影/张海波

188. 矛纹草鹛
Pterorhinus lanceolatus

形态特征 头顶暗栗红褐色，缘棕褐色；背羽满布显著的暗栗褐色与淡灰褐色相间的纵纹；翅和尾羽褐色；头侧淡棕黄白色，斑杂黑褐色；喉部两侧有显著的黑色颚纹；颏、喉至胸和腹部淡皮黄白色；胸和腹部两侧满布栗褐色和黑色相并的粗、细纵纹；尾下覆羽灰褐色，羽端淡黄褐色。虹膜黄色；喙黑色；脚粉褐色。

生态习性 甚吵嚷，栖息于开阔的山区森林及丘陵森林的灌丛、棘丛及林下植被。结小群于地面活动和取食。性甚隐蔽，但栖息于突出处鸣叫。

保护现状 无危（LC）。

英文名：Chinese Babax
体　长：25~29cm

分布范围 西藏东部，河南，陕西西南部，甘肃南部，云南，四川，重庆，贵州，湖北西部，湖南西部，江西，福建，广东北部，广西。

棕噪鹛 摄影/吴忠荣

189. 棕噪鹛
Pterorhinus berthemyi

形态特征 通体棕褐色。眼周蓝色裸露皮肤明显。头、胸、背、两翼及尾橄榄栗褐色，顶冠略具黑色的鳞状斑纹。腹部及初级飞羽羽缘灰色，臀白色。虹膜褐色；喙偏黄色，喙基蓝色；脚蓝灰色。

生态习性 结小群栖息于丘陵及山区原始阔叶林的林下植被及竹林层。惧生，不喜开阔地区。

保护现状 国家二级保护野生动物，无危（LC），中国特有种。

分布范围 四川东南部，贵州，湖北，湖南，安徽，江西，江苏，浙江，福建，广东北部。

英文名：Buffy Laughingthrush
体　长：27~29cm

190. 红尾噪鹛
Trochalopteron milnei

形态特征 两翼及尾绯红色。顶冠及颈背棕色，背及胸具灰色或橄榄色鳞斑。耳羽浅灰色。各亚种在背部及耳羽的色彩上略有差异。虹膜深褐色；喙偏黑色；脚偏黑色。

生态习性 成对或结小群栖息于中低海拔山地的常绿阔叶林、灌丛及竹丛中，不甚惧人，且喜鸣叫。

保护现状 国家二级保护野生动物，无危（LC）。

分布范围 云南，重庆，贵州，湖北，湖南，广东北部，广西，福建西北部。

| 英文名：Red-tailed Laughingthrush |
| 体 长：25~27cm |

红尾噪鹛 摄影/匡中帆

火尾希鹛 摄影/孟宪伟

191. 火尾希鹛
Minla ignotincta

英文名：Red-tailed Minla
体　长：13~15cm

形态特征　宽阔的白色眉纹与黑色的顶冠、颈背及宽眼纹成对比，尾缘及初级飞羽羽缘均红色。背橄榄灰色，两翼余部黑色而缘白色，尾中央黑色，下体白色而略沾奶色。雌鸟及幼鸟翼羽羽缘较淡，尾缘粉红色。虹膜灰色；喙灰色；脚灰色。

生态习性　群栖性，常见于山区阔叶林并加入"鸟浪"。以果实、昆虫等为食。

保护现状　无危（LC）。

分布范围　西藏东南部，云南，四川，重庆，贵州，湖北，湖南南部，广西。

192. 蓝翅希鹛
Actinodura cyanouroptera

英文名：Blue-winged Minla
体　长：14~15cm

形态特征　两翼、尾及头顶蓝色。上背、两胁及腰黄褐色，喉及腹部偏白色，脸颊偏灰色。眉纹及眼圈白色。尾甚细长而呈方形，从下看为白色具黑色羽缘。虹膜褐色；喙黑色；脚粉红色。

生态习性　性活泼，结小群活动于树冠的高低各层。

保护现状　无危（LC）。

分布范围　西藏东南部，云南，四川，重庆，贵州，湖北，湖南南部，广东，广西西南部，海南。

蓝翅希鹛　摄影/张卫民

红嘴相思鸟 摄影/张海波

193. 红嘴相思鸟
Leiothrix lutea

形态特征 色彩艳丽且叫声动人。前额和头顶橄榄绿褐色；背和肩羽灰绿色；喉部黄色，胸橙黄色；腹淡黄白色；翅和尾羽黑色，飞羽外缘黄色和红色，形成翅斑；尾端呈浅叉状，外侧尾羽最长而稍曲；尾上覆羽较长呈灰绿褐色，具白色端缘；尾下覆羽浅黄色。虹膜褐色；喙红色；脚粉红色。

生态习性 吵嚷成群，栖息于次生林的林下植被。鸣声欢快、色彩华美及相互亲热的习性使其常为笼中宠物。休息时常紧靠一起相互舔整羽毛。

保护现状 国家二级保护野生动物，CITES 附录 II，无危（LC）。

英文名：Red-billed Leiothrix
体　长：14~15cm

分布范围 西藏东南部，河南南部，陕西南部，甘肃南部，云南，四川，重庆，贵州，湖北，湖南，安徽南部，江西，上海，浙江，福建，广东，澳门，广西。

194. 黑头奇鹛
Heterophasia desgodinsi

英文名：Dark-backed Sibia
体　长：20~24cm

形态特征　额灰色，头、尾及两翼黑色，上背沾褐色，顶冠有光泽。中央尾羽端灰色而外侧尾羽端白色。喉及下体中央部位白色，两胁烟灰色。虹膜褐色；喙黑色；脚灰色。

生态习性　栖息于海拔1200m以上的山区森林中。在苔藓和真菌覆盖的树枝上悄然移动，性甚隐秘且动作笨拙。

保护现状　无危（LC）。

分布范围　陕西南部，云南，四川西南部，贵州，湖北，湖南，广西西部。

黑头奇鹛　摄影/张卫民

普通䴓 摄影/吴忠荣

(四十八) 䴓科 Sittidae

195. 普通䴓
Sitta europaea

英文名：Eurasian Nuthatch
体　长：11.7~14cm

形态特征　上体灰蓝色；下体白色至肉桂棕色；头、颈两侧有一道黑纹；尾下覆羽白色，具栗色羽缘。虹膜深褐色；喙黑色，下颚基部带粉色；脚深灰色。

生态习性　在树干的缝隙及树洞中啄食橡树籽及坚果。飞行起伏呈波状。偶尔于地面取食。成对或结小群活动。

保护现状　无危（LC）。

分布范围　新疆北部和东部，黑龙江，内蒙古，吉林东部，辽宁南部，北京，天津，河北，山东，河南，山西，陕西南部，宁夏南部，甘肃西北部，云南东北部，四川，贵州，湖北，湖南，安徽，江西，江苏，浙江，福建，广东北部，广西，台湾。

褐河乌 摄影/张卫民

（四十九）河乌科 Cinclidae

196. 褐河乌
Cinclus pallasii

形态特征 通体暗棕褐色，尾较短。有时眼上的白色小块斑明显。两性相似。虹膜褐色；喙深褐色；脚深褐色。

生态习性 栖息于山谷溪流、河滩和沼泽地间，常单独活动或成对站立在溪流的岩石上，头、尾常不断的上下摆动。飞行迅速，但飞行距离较短，一般贴近水面，沿河直线飞行。

保护现状 无危（LC）。

分布范围 除海南外，见于各省份。

英文名：Brown Dipper
体　长：18~22cm

八哥 摄影/匡中帆

（五十）椋鸟科 Sturnidae

197. 八哥

Acridotheres cristatellus

形态特征 通体黑色；额基羽冠较短，翅上具白斑，飞行时尤为明显；尾下覆羽和外侧尾羽端缘白色。两性相似。虹膜橘黄色；喙浅黄色，喙基红色；脚暗黄色。

生态习性 栖息于丘陵或平原的林缘以及村寨附近耕地、林地间。性喜结群，常十余只或数十只结群，跟随于耕地的牛后啄食其体外寄生虫及蚯蚓和各种昆虫。杂食性，以昆虫等动物性食物为主，也取食植物果实和种子。

保护现状 无危（LC）。

英文名： Crested Myna
体　长： 23~28cm

分布范围 北京，山东，河南南部，陕西南部，甘肃南部，新疆南部，云南，四川，重庆，贵州，湖北，湖南，江西，江苏，上海，浙江，福建，广东，香港，澳门，广西，海南，台湾。

198. 丝光椋鸟
Spodiopsar sericeus

英文名：Red-billed Starling
体　长：20~23cm

形态特征　通体灰色及黑白色。雄鸟头白色；上体深灰色，下体浅灰色；两翅和尾黑色，翅上具白斑。雌鸟头污灰白色；背灰褐色；下体浅灰褐色；翅上白斑较小。虹膜黑色；喙红色，喙端黑色；脚暗橘黄色。

生态习性　栖息于较开阔的平原、耕作区以及农田边和村落附近的针阔混交林、稀疏林中，3~5只结小群活动。鸣声清脆响亮。以昆虫等动物性食物为主，亦食种子、果实等植物性食物。

分布范围　辽宁，北京，天津，河北，山东，河南南部，陕西南部，内蒙古中部，甘肃，云南南部，四川中部和东部，重庆，贵州，湖北，湖南，安徽南部，江西，江苏，上海，浙江，福建，广东，香港，澳门，广西，海南，台湾。

保护现状　无危（LC）。

丝光椋鸟　摄影／匡中帆

橙头地鸫 摄影/张卫民

（五十一）鸫科 Turdidae

199. 橙头地鸫
Geokichla citrina

英文名：Orange-headed Thrush

体　长：20~23cm

形态特征　雄鸟头至后颈和下体橙黄色；背部暗灰蓝色。雌鸟头至后颈和下体亦橙黄色；耳羽缘以暗褐色；背部橄榄褐色。亚成鸟似雌鸟，但背具细纹及鳞状纹。虹膜褐色；喙略黑色；脚肉色。

生态习性　栖息于丘陵地区阔叶林内，冬天结小群，多见在地面活动觅食。

保护现状　无危（LC）。

分布范围　北京，天津，河南南部，陕西，安徽，江苏，浙江，重庆，贵州，湖北，湖南，江西，广东，香港，澳门，广西，云南西南部，海南。

小虎斑地鸫　摄影/黄吉红

200. 小虎斑地鸫
Zoothera dauma

形态特征　雌雄羽色相似。上体暗绿色，满布黑色鳞状斑；下体污白色，除颏、喉和腹中部外，均具黑色鳞状斑。虹膜褐色；喙深褐色；脚肉色中带粉色。

生态习性　栖息于森林中，尤其喜栖息于溪谷、河流两岸和地势低洼的密林中。具有短距离迁徙的习性。

保护现状　无危（LC）。

分布范围　河北，西藏，云南西部，四川北部，贵州，广西，台湾。

英文名：Scaly Thrush
体　长：25~27cm

201. 灰背鸫
Turdus hortulorum

英文名：Grey-backed Thrush
体　长：18~23cm

形态特征　雄鸟整个上体石板灰色，头部渲染橄榄色，背和腰微沾浅橄榄色。眼先黑褐色，耳羽淡暗褐色，具细白色羽干纹；喉灰色或偏白色，胸灰色，腹中心及尾下覆羽白色，两胁及翼下橘黄色。雌鸟上体褐色较重，喉及胸白色，胸侧及两胁具黑色稠密点斑；胸部淡橄榄褐色，两胁橘黄色。虹膜褐色；喙黄色；脚肉色。

生态习性　栖息于海拔1500m以下的低山丘陵地带茂密森林林缘、疏林草坡、果园和农田中。结小群。甚惧生。以昆虫为食，也吃蚯蚓等其他动物和植物的果实与种子。

保护现状　无危（LC）。

分布范围　除宁夏、西藏、青海外，见于各省份。

灰背鸫　摄影/韦铭

黑胸鸫 摄影/吴忠荣

202. 黑胸鸫
Turdus dissimilis

形态特征 雄鸟头、颈及上胸均为黑色，上体其余部分和翼、尾表面转为暗石板灰色；两翼黑褐色；下胸、两胁、翼下覆羽和腋羽亮橙棕色；腹部中央至尾下覆羽白色。雌鸟上体暗橄榄褐色，头侧及耳羽灰褐色；颏白色；喉灰白色，具黑及白色细纹，胸橄榄灰色并具黑色点斑，两胁亮橙棕色。虹膜褐色；喙黄色至橘黄色；脚黄色至橘黄色。

英文名：Black-breasted Thrush
体　长：22~34cm

生态习性 活动于松林或杂木林中，性孤单羞怯，多在地面取食。食物主要为鞘翅目昆虫等。

保护现状 近危（NT）。

分布范围 云南，四川，重庆，贵州南部，广东，广西。

灰翅鸫 摄影/张卫民

203. 灰翅鸫
Turdus boulboul

形态特征 雄鸟宽阔的灰色翼纹与其余体羽成对比；腹部黑色具灰色鳞状纹；眼圈黄色；喙比乌鸫的橘黄色多。雌鸟全橄榄褐色，翼上具浅红褐色斑。虹膜褐色；喙橘黄色；脚暗褐色。

生态习性 于地面取食，静静地在树叶中翻找无脊椎动物、蠕虫，冬季也吃果实及浆果。

保护现状 无危（LC）。

分布范围 北京，河南，陕西南部，宁夏南部，甘肃南部，西藏南部，云南东南部，四川，重庆，贵州，湖北，湖南，江西，浙江，广东，广西。

英文名：Grey-winged Blackbird
体　长：28~29cm

204. 乌鸫
Turdus mandarinus

英文名：Chinese Blackbird
体　长：28~29cm

形态特征　雄鸟通体黑色，眼圈色略浅，喙橙黄色，跗跖黑色。雌鸟上体黑褐色，下体深褐色，喙暗绿黄色及黑色。

生态习性　适应从林地到城市绿地的多种生境。在较高的树上营巢。觅食于地面，在树叶中安静地翻找蠕虫等无脊椎动物，冬季也食浆果等果实。

保护现状　无危（LC）。中国特有种。

分布范围　北京，河北，山东，河南，山西，陕西，内蒙古中部，甘肃南部，云南，四川，重庆，贵州，湖北，湖南，安徽，江西，江苏，上海，浙江，福建，广东，香港，澳门，广西，海南，台湾。

乌鸫　摄影/孟宪伟

灰头鸫 摄影/孟宪伟

205. 灰头鸫
Turdus rubrocanus

形态特征 体羽色彩图纹特别，头及颈灰色，两翼及尾黑色，身体多栗色。与棕背黑头鸫的区别在头灰色而非黑色，栗色的身体与深色的头胸部之间无偏白色边界，尾下覆羽黑色且羽端白色，而非黑色且羽端棕色，眼圈黄色。虹膜褐色；喙黄色；脚黄色。

生态习性 常单独或成对活动，春秋迁徙季节亦集成几只或10多只的小群，有时亦见和其他鸫类结成松散的混合群，越冬也成群。多栖息于乔木上，性胆怯而机警，遇人或有干扰立刻发出警叫声。常在林下灌木或乔木树上活动和觅食，但更多是下到地面觅食。

保护现状 无危（LC）。

英文名：Chestnut Thrush
体 长：25~28cm

分布范围 北京，山东，河南，山西，陕西南部，宁夏，甘肃，西藏东部和南部，青海东部，云南西部，贵州西北部，四川北部和西部，重庆，湖北西部，江西，广西西北部。

206. 褐头鸫
Turdus feae

英文名：Grey-sided Thrush
体　长：22~23.5cm

形态特征　眉纹白色，眼先黑色，眼下具弧形白纹。胸及两胁灰色，腹部及臀白色。虹膜褐色；喙黑褐色，喙裂及下颚基部黄色；脚棕黄色。

生态习性　繁殖于华北地区海拔1200~2000cm的针叶林中，筑巢于华北落叶松或六道木上。性隐蔽，常于天明前鸣叫，日出后很少鸣叫，藏身于树冠中，难于寻找。迁徙时也较为安静。

保护现状　易危（VU）。

分布范围　北京，天津，河北，山东，山西，内蒙古中部，云南，四川，重庆，贵州。

褐头鸫　摄影/韦铭

白腹鸫　摄影／董文晓

207. 白腹鸫

Turdus pallidus

形态特征　雄鸟头、颈橄榄褐色而带有灰色；自背至尾上覆羽为橄榄褐色，两翼和尾暗褐色，表面与背同色，大覆羽微具白端；眼先黑色，耳羽黑灰色并具白色羽干纹，眉纹、颏、腹和尾下覆羽白色，后者基部具橄榄褐色边缘；喉亦为白色而具橄榄褐色条纹；胸及胁橙棕色；腋羽和翼下覆羽灰色。雌鸟上体概为橄榄褐色，颏白色；喉和上胸白色而带有淡棕色并具黑灰色条纹；下胸和胁浅而带有褐色，其余与雄鸟相同。虹膜褐色；上喙灰色，下喙黄色；脚浅褐色。

生态习性　栖息于中低山地森林、林缘、公园及花园。地栖性鸟类，以昆虫为食，也食其他无脊椎动物和植物的果实与种子。

英文名：Pale Thrush
体　长：22~23cm

保护现状　无危（LC）。

分布范围　见于各省份。

斑鸫 摄影/张海波

208. 斑鸫
Turdus eunomus

形态特征 体具明显黑白型图案。具浅棕色翼纹和宽阔翼斑。雄鸟黑色的耳羽和斑与白色的腹部、眉纹以及臀部形成对比。下腹部黑色并具白色鳞状斑。雌鸟似雄鸟,体羽为暗淡的褐色和皮黄色,下胸黑点纹较小,眉纹白色。虹膜褐色;上喙偏黑色,下喙黄色;脚褐色。

生态习性 栖息于开阔的多草地带及田野。冬季成大群。在草地上穿梭觅食,也常与其他鸫类结群。食物包括昆虫、植物果实和种子。

保护现状 无危(LC)。

分布范围 见于各省份。

英文名:Dusky Thrush
体 长:22~25cm

宝兴歌鸫 摄影/张卫民

209. 宝兴歌鸫
Turdus mupinensis

形态特征 前额、头顶、后颈、背至尾上覆羽和肩羽橄榄褐色，眼先和眉纹淡棕白色，杂以褐色，眉纹不明显；颊部和耳羽淡棕黄白色，具黑褐色细纹；耳羽端部具黑色斑块。翅黑褐色，翅上覆羽和内侧飞羽表面橄榄褐色，大、中覆羽端缘淡棕白色或黄褐色，具两道翅斑。尾羽黑褐色，尾下覆羽白色。下体皮黄色而具扇形或近圆形的黑褐色点斑。虹膜褐色；喙褐色至黑色，下喙基部黄色；脚暗黄色。

生态习性 栖息于海拔1200~3500m的山地针叶林和针阔叶混交林，尤其喜欢在河流附近潮湿茂密的栎树和松树混交林活动。主要以昆虫为食。

英文名：Chinese Thrush
体　长：20~24cm

保护现状 无危（LC）。

分布范围 北京，天津，河北，山东，山西，陕西，内蒙古东部，宁夏，甘肃，西藏东南部，青海东部，云南，四川，重庆，贵州，湖北，湖南，安徽，江西，江苏，上海，浙江，广东，广西。

鹊鸲（雄） 摄影/张海波

（五十二）鹟科 Muscicapidae

210. 鹊鸲
Copsychus saularis

形态特征 雄鸟上体亮黑色，翅上有显著的白色斑块；外侧尾羽大都白色；喉至上胸亮黑色；下体余部白色。雌鸟上体的黑色不如雄鸟辉亮而呈黑灰色；喉至上胸黑色；下体余部白色；喉至上胸灰色；余部与雄鸟相似。停栖时，尾羽常上翘成直角。亚成鸟似雌鸟但为杂斑。虹膜褐色；喙和脚黑色。

生态习性 栖息于居民点附近的树木上和竹林内，常在粪坑周围活动，觅食蝇蛆，亦见于平原农田和房前屋后的田圃及树林。多见单个或成对活动，觅食昆虫。鸣声响亮而动听，常作为观赏笼鸟。

保护现状 无危（LC）。

分布范围 西藏东南部，河南南部，陕西南部，甘肃东南部，云南，四川，重庆，贵州，湖北，湖南，安徽，江西，江苏，上海，浙江，福建，广东，香港，澳门，广西，海南。

英文名：Oriental Magpie-Robin
体　长：19~22cm

鹊鸲（雌） 摄影/张海波

211. 乌鹟
Muscicapa sibirica

形态特征 成鸟乌灰褐色；眼圈白色；喉、胸和胁灰褐色，杂以白色纵纹，具明显的白色喉斑；腹部中央白色；翅形尖长，折合时覆盖尾长的 2/3 以上。两性相似。幼鸟上体乌褐色具皮黄色斑点，下体污白色具暗褐色羽缘，呈斑杂状。虹膜深褐色；喙和脚黑色。

生态习性 栖息于山区或山麓森林的林下植被层及林间。紧立于裸露低枝，冲出捕捉过往昆虫。单个或 3~5 只结群活动、觅食。

保护现状 无危（LC）。

英文名：Dark-sided Flycatcher
体　长：12~14cm

分布范围 西藏东南部，青海南部，内蒙古，黑龙江，吉林，辽宁，北京，天津，河北，山东，山西，陕西，甘肃南部，云南，四川，贵州，湖南，江西，上海，浙江，福建，广东，香港，澳门，广西，海南，台湾。

乌鹟　摄影/张卫民

212. 北灰鹟
Muscicapa dauurica

英文名：Asian Brown Flycacher

体　长：11~13cm

形态特征　通体灰褐色；翅上覆羽、飞羽和尾羽暗褐色；大覆羽和内侧飞羽边缘淡棕色；眼圈白色；胸和两胁淡灰褐色；颏、喉和腹部及尾下覆羽白色。两性相似。幼鸟背羽多灰色而少橄榄黄褐色；下喙尖端黑色；脚黑褐色。虹膜褐色；喙黑色，下喙基黄色；脚黑色。

生态习性　多栖息于山地树林间。常停留在树枝上，见有食物方才迅速飞下捕捉，然后再返回原枝上。

保护现状　无危（LC）。

分布范围　见于各省份。

北灰鹟　摄影/张卫民

棕尾褐鹟 摄影/张卫民

213. 棕尾褐鹟
Muscicapa ferruginea

形态特征 眼圈皮黄色，喉块白色，头石板灰色，背褐色，腰棕色，下体白色，胸具褐色横斑，两胁及尾下覆羽棕色。通常具白色的半颈环。三级飞羽及大覆羽羽缘棕色。虹膜褐色；喙黑色；脚灰色。

生态习性 常栖息于中海拔的山地阔叶林混交林、林缘疏林等地带，迁徙时亦见于次生林、竹林、城市公园中。喜单独活动。常停栖于开阔枝头或电线上观察四周情况，发现昆虫飞过则立即追至空中捕食，然后落回原枝，少至地面活动。

保护现状 无危（LC）。

英文名： Ferruginous Flycatcher
体　长： 11~13cm

分布范围 陕西南部，宁夏，甘肃南部，西藏东南部，云南，四川南部，重庆，贵州，湖北，湖南，江西，浙江，福建，广东，香港，广西，海南，台湾。

中华仙鹟 摄影/李利伟

214. 中华仙鹟
Cyornis glaucicomans

英文名：Chinese Blue Flycatcher
体　长：14~15cm

形态特征　雄鸟上体蓝色，眼先黑色，腹部白色，上胸橙红色，喉部橙色区域向上呈三角形。雌鸟上体灰褐色，胸橙黄色，眼圈皮黄色。虹膜褐色；喙黑色；脚粉红色。

生态习性　常栖息于海拔800~2000m的常绿阔叶林、混交林、次生林、竹林中，有时亦见于林缘灌丛地带。在近地面处捕食。

保护现状　无危（LC）。

分布范围　河南，山西，陕西南部，云南东南部和西部，四川，重庆，贵州，湖北，湖南，江西，上海，广东，香港，广西。

白喉林鹟 摄影/张卫民

215. 白喉林鹟
Cyornis brunneatus

形态特征 胸带浅褐色，颈近白色而略具深色鳞状斑纹，下颚色浅。亚成鸟上体皮黄色而具鳞状斑纹，下颚尖端黑色。看似翼短而喙长。虹膜褐色；喙上颚近黑色，下颚基部偏黄色；脚粉红色或黄色。

生态习性 栖息于高可至海拔1100m的林缘下层、茂密竹丛、次生林及人工林。

保护现状 国家二级保护野生动物，易危（VU）。

分布范围 河南，云南，贵州，湖北，湖南，安徽，江西，江苏，上海，浙江，福建，广东，香港，广西，台湾。

英文名：Brown-chested Jungle Flycatcher
体　长：14~16cm

棕腹大仙鹟（雄） 摄影／王进

216. 棕腹大仙鹟
Niltava davidi

英文名：Fujian Niltava
体　长：16~19cm

形态特征　雄鸟上体深蓝色，下体棕色，脸黑色，额、颈侧小块斑、翼角及腰部亮丽闪辉蓝色。与棕腹仙鹟相比，色彩较暗，头顶亮蓝色范围较小，肩部亮蓝色，斑块不明显。雌鸟灰褐色，尾及两翼棕褐色，喉上具白色颈纹，颈侧具辉蓝色小块斑。虹膜褐色；喙黑色；脚黑色。

生态习性　常栖息于中低海拔的山地常绿阔叶林、落叶阔叶林，有时亦到次生林或林缘灌丛活动。主要在林中层和灌木丛活动，少至树冠层和地面。常在树枝上觅食，见有昆虫飞过立即飞往捕食。

保护现状　国家二级保护野生动物，无危（LC）。

分布范围　陕西南部，云南，四川，重庆，贵州北部，湖北，江西，上海，浙江，福建西北部，广东，香港，澳门，广西，海南，台湾。

棕腹大仙鹟（雌） 摄影／王进

217. 白腹蓝鹟

Cyanoptila cyanomelana

形态特征 雄鸟为蓝色、黑色及白色鹟；脸、喉及上胸近黑色，上体闪光钴蓝色，下胸、腹及尾下的覆羽白色；外侧尾羽基部白色，深色的胸与白色腹部截然分开。雌鸟上体灰褐色，两翼及尾褐色，喉中心及腹部白色。虹膜褐色；喙和脚黑色。

生态习性 栖息于山地阔叶林、混交林、林缘等地带，迁徙时亦见于次生林、高大灌丛等环境。单独或成对活动。主要在林中层活动，极少至地面活动，常站立于树木横枝上休息或寻觅食物，夏季雄鸟常站在树丛中长时间鸣唱。

保护现状 无危（LC）。

英文名：Blue-and-white Flycatcher

体　长：14~17cm

分布范围 黑龙江，吉林，辽宁，河北，山东，贵州，湖北，安徽，江苏，上海，浙江，福建，广东，香港，广西，海南，台湾。

白腹蓝鹟　摄影／张卫民

蓝歌鸲 摄影/童文晓

218. 蓝歌鸲
Larvivora cyane

形态特征 雄鸟上体自头顶以至尾巴大体呈暗蓝色；眼先、头和颈的两侧黑色；两翅暗褐色，翅上覆羽与背同色；下体纯白色。雌鸟上体橄榄褐色，腰和尾上覆羽暗蓝色；翅上的大覆羽具棕黄色末端；下体白色，胸羽缘以褐色，微沾皮黄色。虹膜褐色；喙黑色；脚粉白色。

生态习性 多为地栖性，很少栖于枝头上；驰走时，尾常上下扭动不已。性甚隐怯，大多匿窜于芦苇荆棘间。歌声多变而动听。食物多为甲虫和其他昆虫。

保护现状 无危（LC）。

分布范围 除新疆、青海外，见于各省份。

英文名：Siberian Blue Robin
体　长：12~14cm

219. 铜蓝鹟
Eumyias thalassinus

形态特征 通体绿蓝色。雄鸟眼先黑色；雌鸟色暗，眼先暗黑色。尾下覆羽具偏白色鳞状斑纹。亚成鸟灰褐色沾绿色，具皮黄色及近黑色的鳞状纹及斑点。与雄性纯蓝仙鹟的区别在于喙较短，绿色较浓，蓝灰色的臀具偏白色的鳞状斑纹。虹膜褐色；喙黑色；脚近黑色。

生态习性 栖息于热带和亚热带山地阔叶林、针叶林、针阔混交林和灌丛地带。常见单个或成对活动。主要觅食昆虫。

保护现状 无危（LC）。

英文名：Verditer Flycatcher
体　长：14~17cm

分布范围 北京，山东，陕西，西藏南部，云南，四川，重庆，贵州，湖北，湖南，江西，上海，浙江，福建，广东，香港，澳门，广西，台湾。

铜蓝鹟　摄影/张卫民

白腹短翅鸲　摄影/李剑云

220. 白腹短翅鸲
Luscinia phoenicuroides

形态特征　雄鸟头、胸及上体青石蓝色；腹白色，尾下覆羽黑色而端白色；尾长，楔形，外侧尾羽基部棕色；两翼灰黑色，初级飞羽的覆羽具两明显白色小点斑。雌鸟橄榄褐色，眼圈皮黄色，下体较淡。虹膜褐色；喙黑色；脚黑色。

生态习性　常栖息于浓密灌丛或在近地面活动，不易被激起，仅在栖处鸣叫且尾立起并扇开时可见到。甚喜叫。

保护现状　无危（LC）。

分布范围　北京，天津，河北北部，山东，河南，山西，陕西南部，宁夏，甘肃，青海东部，云南，四川，重庆，贵州，湖北西部，西藏东南部。

英文名：White-bellied Redstart
体　长：16~18cm

221. 红喉歌鸲
Calliope calliope

英文名：Siberian Rubythroat
体　长：14~16cm

形态特征　具醒目的白色眉纹和颊纹，尾褐色，两胁皮黄色，腹部皮黄白色。雄鸟喉部红色，雌鸟喉白色，部分个体白色中可见少许红色，胸带近褐色。虹膜褐色；喙深褐色；脚粉褐色。

生态习性　常栖息于低山丘陵和山脚平原地带的次生林和混交林中，有时亦至竹林、芦苇丛活动。单独或成对活动，迁徙时有时可见小群。性羞怯，多隐藏在灌丛下。偏地栖性，善于在地面奔走和觅食，有时至灌丛低枝上活动。求偶期雄鸟常在灌丛顶端或电线上鸣唱。

保护现状　国家二级保护野生动物，无危（LC）。

分布范围　除西藏外，见于各省份。

红喉歌鸲　摄影/张卫民

白尾蓝地鸲　摄影/张卫民

222. 白尾蓝地鸲
Myiomela leucura

形态特征　雄鸟深蓝色近黑色，仅尾基部具白斑，前额钴蓝色，喉及胸深蓝色，颈侧及胸部的白色点斑常隐而不露。雌鸟褐色，喉基部具偏白色横带，尾具白斑鸟。虹膜褐色；喙黑色；脚黑色。

生态习性　常栖息于海拔3000m以下的山地常绿阔叶林和混交林，尤好阴暗、潮湿的森林地带，有时亦至山脚平原地带的次生林、竹林、灌丛活动。单独或成对活动。性隐蔽，常见人后立即飞至阴暗的林下。偏地栖性，主要在地面或林下灌丛活动。常将尾呈扇形张开，露出尾羽外侧白斑。主要以昆虫为食，发现地面或空中的昆虫后迅速飞往捕捉。

保护现状　无危（LC）。

英文名：White-tailed Robin
体　长：15~18cm

分布范围　河北北部，陕西南部，宁夏南部，甘肃东南部，西藏东南部，青海东部，云南，四川，重庆，贵州西部，湖北西部，湖南，江西，浙江，广东北部，香港，广西，海南，台湾。

红胁蓝尾鸲（雄） 摄影/张卫民

英文名：Orange-flanked Bush-robin
体　长：12~14cm

223. 红胁蓝尾鸲
Tarsiger cyanurus

形态特征　下体污白色，胁部橙红黄色；尾部蓝色。雄鸟上体蓝色或褐色而渲染蓝灰色，眉纹白色；雌鸟上体褐色，仅尾上覆羽和尾羽有蓝色。虹膜褐色；喙黑色；脚灰色。

生态习性　栖息于湿润山地森林及次生林的林下低处。主要以昆虫为食。

保护现状　无危（LC）。

分布范围　除西藏外，见于各省份。

红胁蓝尾鸲（雌） 摄影/郭轩

第二章　鸟类分类描述　245

224. 小燕尾
Enicurus scouleri

英文名：Little Forktail
体　长：12~14cm

形态特征　额、头顶前部、背的中部和尾上覆羽白色；上体其余部分深黑色；两翼黑褐色，大覆羽先端和飞羽基部白色，形成一道宽阔的白色翼斑；内侧飞羽的外缘白色，中央尾羽黑色而基部白色；外侧尾羽的白色逐渐扩大，至最外侧尾羽几乎为纯白色面仅具黑端；颏、喉和上胸黑色，下体其余部分白色，两胁略带黑褐色。虹膜褐色；喙黑色；脚肉色。

生态习性　活跃生活在山涧溪边，多成对活动。尾部有节奏地上下摆动或散开。食物主要为昆虫。

保护现状　无危（LC）。

分布范围　陕西南部，甘肃南部，西藏南部，云南，四川，重庆，贵州，湖北，湖南，江西，浙江，福建，广东，香港，台湾。

小燕尾　摄影/张海波

灰背燕尾 摄影/张卫民

225. 灰背燕尾
Enicurus schistaceus

英文名：Slaty-backed Forktail

体　长：22~25cm

形态特征　前额白色；头顶至背和肩呈蓝灰色；腰至尾上覆羽为白色；翅黑褐色，具白色翅斑；颏、喉部黑色；下体余部白色；中央尾羽大部黑色，基部和羽端白色；外侧尾羽纯白色。两性相似。虹膜褐色；喙黑色；脚粉红色。

生态习性　栖息于山间溪流和河流边缘的灌木、石头上。常在浅水滩的石头缝隙间觅食水生昆虫及螺类等小动物。

保护现状　无危（LC）。

分布范围　陕西，云南，四川，贵州，湖北，湖南，江西，浙江，福建，广东，香港，广西，海南。

白额燕尾 摄影/张海波

226. 白额燕尾
Enicurus leschenaulti

形态特征 前额至头顶白色；头顶的羽毛较长呈冠状；头顶后部至背和肩羽及头、颈两侧和颏、喉至胸部纯黑色；腰至尾上覆羽和下体余部纯白色；翅黑褐色，具大型白色翅斑；尾羽除外侧两对纯白色外，其余尾羽大部黑褐色，羽基和羽端白色。虹膜褐色；喙黑色；脚偏粉红色。

生态习性 性活跃好动，喜多岩石的湍急溪流及河流。停栖于岩石或在水边行走，寻找食物并不停地展开叉形长尾。飞行近地面并上下起状，边飞边叫。食性以水生昆虫为主。

保护现状 无危（LC）。

英文名：White-crowned Forktail
体　长：25~28cm

分布范围 西藏东南部，河南南部，山西，陕西南部，内蒙古中部，宁夏，甘肃南部，云南，四川，重庆，贵州，湖北，湖南，安徽，江西，江苏，上海，浙江，福建，广东，广西，海南。

227. 紫啸鸫
Myophonus caeruleus

英文名：Blue Whistling Thrush
体　长：29~35cm

形态特征　通体深蓝紫色，并具有蓝色闪亮斑点。翼及尾沾紫色闪辉，头及颈部的羽尖具闪光小羽片。指名亚种喙黑色；中覆羽羽尖白色。虹膜褐色；喙黄色或黑色；脚黑色。

生态习性　栖息于临河流、溪流或密林中的多岩石露出处。地面取食，受惊时慌忙逃至覆盖下并发出尖厉的警叫声。觅食昆虫和小动物，有时也到厕所内取食蝇蛆。

保护现状　无危（LC）。

分布范围　新疆，西藏，北京，河北，山东，河南，山西，陕西，内蒙古东部，宁夏，甘肃，云南，四川，贵州，湖北，湖南，安徽，江西，江苏，上海，浙江，福建，广东，广西，香港，澳门。

紫啸鸫　摄影/张海波

橙胸姬鹟 摄影/张卫民

228. 橙胸姬鹟
Ficedula strophiata

形态特征 雄鸟上体橄榄褐色，白色眉纹从前额伸达眼前上方；额基至眼先和头侧及颏、喉黑色；下喉至上胸有一半圆形橙棕色胸斑；颈侧和胸石板灰色；胁橄榄褐色；腹部灰白色；尾上覆羽和中央尾羽黑色，外侧尾羽基部白色，端部黑褐色；尾下覆羽白色。雌鸟额基和头侧橄榄灰褐色；眉纹灰白色；颏、喉至上胸橄榄褐色，渲染棕色。亚成鸟具褐色纵纹，两胁棕色而具黑色鳞状斑纹。虹膜褐色；喙黑色；脚褐色。

生态习性 栖息于热带、亚热带和高山寒温带地区的山坡灌木林、竹林、杜鹃灌丛之中，多在林下的阴暗处活动。以昆虫为食。

英文名： Rufous-gorgeted Flycatcher
体　长： 12~14cm

保护现状 无危（LC）。

分布范围 北京，陕西南部，宁夏南部，甘肃南部，西藏东部，云南，四川，重庆，贵州，湖北西部，湖南，江西，广东，香港，广西，海南。

229. 红喉姬鹟
Ficedula albicilla

英文名：Taiga Flycatcher
体　长：12~14cm

形态特征　上体灰褐色；翅暗褐色，外缘淡棕褐色；尾上覆羽和中央尾羽黑色；外侧尾羽基部白色，端部黑褐色；下体污白色；胸淡灰褐色；雄鸟喉部橙黄色，雌鸟喉部白色。虹膜深褐色；喙黑色；脚黑色。

生态习性　栖息于林缘及河流两岸的较小树上。有险情时冲至隐蔽处。尾展开显露基部的白色并发出粗哑的"咯咯"声。以昆虫为食。

保护现状　无危（LC）。

分布范围　见于各省份。

红喉姬鹟　摄影/张卫民

第二章　鸟类分类描述

小斑姬鹟 摄影/张卫民

230. 小斑姬鹟
Ficedula westermanni

形态特征 雄鸟上体黑色，白色的眉纹宽而长，翼斑及尾基部羽缘白色，下体白色。雌鸟上体灰褐色，翼斑皮黄色，下体近白色。虹膜褐色；喙和脚黑色。

生态习性 栖息于海拔1000~3000m的山地常绿阔叶林、针阔叶混交林、竹林、次生林和灌丛等，冬季有时下至低山丘陵和山脚平原的次生林、果园、庭院。单独或成对活动。性较大胆，常至有人活动的公园、村落、庭院觅食。喜在林中层活动，常在枝叶间跳跃或飞行。停歇枝头发现昆虫时飞至空中捕捉。

英文名：Little Pied Flycatcher
体　长：10~12cm

保护现状 无危（LC）。

分布范围 西藏南部和东南部，云南西部和南部，四川，贵州南部，广西。

231. 灰蓝姬鹟
Ficedula tricolor

英文名: Slaty-blue Flycatcher
体　长: 10~13cm

形态特征　通体青石蓝色。雄鸟上体蓝灰色，额、头顶两侧灰蓝色较亮，眼先及头侧黑色；飞羽外缘棕褐色，尾羽黑色；下体白色；胸和两胁暗灰沾黄色。雌鸟上体橄榄褐色，眼眶有不明显的暗黄色圈；腰和尾上覆羽棕色；尾羽棕褐色，颏和喉淡灰棕色，腹淡棕色近白色；两胁棕色。虹褐色；喙和脚黑色。

生态习性　栖息于海拔 1500~3000m 的山地常绿阔叶林、针阔叶混交林、竹林和灌丛等，非繁殖期有时集小群下至低山丘陵和山脚平原的次生林、灌丛、草丛。单独或成对活动。喜在林下灌丛和地面活动，偶至林中层。停歇时常将尾上翘至背部。在枝头发现昆虫后快速飞至空中捕捉。

保护现状　无危（LC）。

分布范围　西藏东南部，青海，陕西南部，内蒙古东北部，宁夏南部，甘肃南部，云南，四川，重庆，贵州，湖北，湖南，广西。

灰蓝姬鹟　摄影/张卫民

北红尾鸲(雌) 摄影/张海波

232. 北红尾鸲

Phoenicurus auroreus

形态特征 雄鸟头顶至上背石板灰色；头侧和颏、喉、背和肩羽及两翅黑色；翅上内侧飞羽具白色块斑；腰至尾上覆羽棕黄色；中央尾羽黑褐色；外侧尾羽棕黄色；下体余部棕黄色。雌鸟头顶、后颈至背和肩羽暗橄榄褐色；翅黑褐色；外缘橄榄褐色；内侧飞羽亦具白色块斑；头颈两侧和胸部橄榄褐色；颏、喉近白色沾橄榄褐色；腹淡皮黄色；尾羽与雄鸟相似。虹膜褐色；喙黑色；脚黑色。

英文名：Daurian Redstart
体 长：13~15cm

生态习性 栖息于林缘灌木、草丛及田园耕作地边缘和居民点附近的林木上，常见单个或成对活动。以昆虫及杂草种子和野果为食。

保护现状 无危（LC）。

分布范围 除新疆外，见于各省份。

北红尾鸲(雄) 摄影/张海波

233. 蓝额红尾鸲
Phoenicuropsis frontalis

形态特征 雄鸟头、胸、颈背及上背深蓝色，额及形短的眉纹钴蓝色；两翼黑褐色，羽缘褐色及皮黄色，无翼上白斑；腹部、臀、背及尾上覆羽橙褐色。雌鸟褐色，眼圈皮黄色，于尾端深色。尾部具特殊的"T"形黑色图纹（雌鸟褐色），系由中央尾羽端部及其他尾羽的羽端与亮棕色成对比而成。虹膜褐色；喙和脚黑色。

生态习性 一般多单独活动，迁徙时结小群。从栖处猛扑昆虫。尾上下抽动而不颤动。甚不怯生。

保护现状 无危（LC）。

英文名：Blue-fronted Redstart
体　长：15~16cm

分布范围 山东，陕西南部，内蒙古西部，宁夏，甘肃，西藏，青海南部和东部，云南，四川，重庆，贵州，湖北，湖南，浙江，广东。

蓝额红尾鸲　摄影／张卫民

红尾水鸲（雄） 摄影/张海波

234. 红尾水鸲
Phoenicurus fuliginosus

形态特征 雄鸟深灰蓝色；翅黑褐色；尾羽及尾上、尾下覆羽栗红色；雌鸟上体灰褐色沾橄榄色；翅黑褐色；大、中覆羽端部有白点，形成两道白色斑点；腰和尾上、尾下覆羽白色；尾羽暗褐色，外侧尾羽羽基大部白色；下体灰白色，羽基和羽缘深灰色，成鳞状斑纹。具明显的不停弹尾动作。幼鸟灰色上体具白色点斑。虹膜深褐色；喙黑色；脚褐色。

英文名 Plumbeous Water Redstart
体　长 12~14cm

生态习性 单独或成对。几乎总是在多砾石的溪流及河流两旁，或停栖于水中砾石。尾常摆动。在岩石间快速移动。炫耀时停在空中振翼，尾扇开，作螺旋形飞回栖处。领域性强，但常与河乌、溪鸲或燕尾混群。主要觅食水生昆虫。

保护现状 无危（LC）。

分布范围 除黑龙江、吉林、辽宁、新疆外，见于各省份。

红尾水鸲（雌） 摄影/张海波

235. 白顶溪鸲
Phoenicurus leucocephalus

形态特征 头顶白色，头侧黑色；后颈至背和喉至胸部及翅上覆羽亮蓝黑色；飞羽黑褐色；其余体羽栗红色；尾羽具黑色羽斑。雌雄同色。亚成鸟色暗而近褐色，头顶具黑色鳞状斑纹。虹膜褐色；喙和脚黑色。

生态习性 常立于水中或于近水的突出岩石上，降落时不停地点头且具黑色羽梢的尾不停抽动。求偶时做出摆晃头部的奇特炫耀姿态。以昆虫为主要食物。

保护现状 无危（LC）。

英文名：White-capped Water-redstart
体　长：18~19cm

分布范围 北京，河北西部，山东，河南，山西，陕西南部，内蒙古西部，宁夏，甘肃，新疆西南部，西藏南部，青海，云南，四川，重庆，贵州，湖北，湖南，安徽，江西，浙江，广东，广西，海南。

白顶溪鸲　摄影／吴忠荣

蓝矶鸫（雄） 摄影/张卫民

236. 蓝矶鸫

Monticola solitarius

形态特征 雄鸟上体蓝色；两翅和尾羽黑褐色，外缘蓝色。雌鸟上体蓝色，下体淡棕黄色或白色，羽基和端缘黑色，形成鳞斑状花纹。亚成鸟似雌鸟但上体具黑白色鳞状斑纹。虹膜褐色；喙和脚黑色。

生态习性 常栖息于突出位置如岩石、房屋柱子及死树，冲向地面捕捉昆虫。常见单个活动。

保护现状 无危（LC）。

分布范围 见于各省份。

英文名：Blue Rock Thrush
体　长：20~23cm

蓝矶鸫（雌） 摄影/郭轩

237. 栗腹矶鸫
Monticola rufiventris

英文名：Chestnut-bellied Rock Thrush

体　长：21~25cm

形态特征　雄鸟全身近黑色，仅尾基部具白色闪辉，前额钴蓝色，喉及胸深蓝色，颈侧及胸部的白色点斑常隐而不露。雌鸟褐色，喉基部具偏白色横带，尾具白色闪辉同雄鸟。亚成鸟似雌鸟但多具棕色纵纹。虹膜褐色；喙和脚黑色。

生态习性　常立于高树顶上，偶尔会在电线上。

保护现状　无危（LC）。

分布范围　西藏南部，云南，四川，重庆，贵州，湖北，湖南，安徽，江西，江苏，上海，浙江，福建，广东，香港，广西，海南。

栗腹矶鸫（雌）　摄影／匡中帆

栗腹矶鸫（雄）　摄影／张卫民

黑喉石䳭（雄） 摄影/张海波

238. 黑喉石䳭
Saxicola maurus

形态特征 中等体型的黑色、白色及赤褐色石䳭。雄鸟头部、背面和颏、喉黑色；颈侧和肩部具白斑；胸、腹部及尾下覆羽棕色。雌鸟头部和背面棕褐色，斑杂黑褐色纵纹；颏、喉淡棕白色；胸、腹部及尾下覆羽棕色。虹膜深褐色；喙黑色；脚近黑色。

生态习性 栖息于低山开阔丛或平地疏林间，也可在居民区或其他生境中出现，选择生境多样。常见于田间灌丛、矮树或电线上。以昆虫为主要食物。

保护现状 无危（LC）。

分布范围 见于各省份。

英文名：Siberian Stonechat
体　长：13~15cm

黑喉石䳭（雌） 摄影/张卫民

239. 灰林䳭
Saxicola ferreus

英文名：Grey Bushchat
体　长：14~16cm

形态特征　雄鸟上体暗灰色，具黑色纵纹；眉纹白色；脸部黑色；翅和尾羽黑褐色；翅上最内侧覆羽白色；颏、喉白色；胸和腹部灰白色。雌鸟上体棕褐色；翅和尾羽黑褐色；颏、喉白色；胸和腹部至尾下覆羽淡灰棕褐色。幼鸟似雌鸟，但下体褐色具鳞状斑纹。虹膜深褐色；喙灰色；脚黑色。

生态习性　栖息于山地林缘灌丛及开阔河谷区、田坝区的灌木草丛地带，在同一地点长时间停栖。尾摆动。在地面或于飞行中捕捉昆虫。

保护现状　无危（LC）。

分布范围　西藏南部，北京，陕西南部，内蒙古中部，甘肃东南部，云南，四川，重庆，贵州，湖北，湖南，安徽，江西，江苏，上海，浙江，福建，广东，香港，广西，海南，台湾。

灰林䳭（雄）　摄影/张卫民

灰林䳭（雌）　摄影/匡中帆

红胸啄花鸟（雄） 摄影/匡中帆

（五十三）啄花鸟科 Dicaeidae

240. 红胸啄花鸟
Dicaeum ignipectus

形态特征 雄鸟上体包括尾上覆羽呈辉亮的金属绿蓝色；两翅及尾黑褐色，翼上覆羽及飞羽外缘绿蓝辉色，中央尾羽沾蓝辉色。眼先、颊、耳羽及颈侧均为黑色。下体皮黄色，胸具猩红色的块斑，一道狭窄的黑色纵纹沿腹部而下。雌鸟下体赭皮黄色。虹膜褐色；喙和脚黑色。

生态习性 栖息于山地林、次生植被及耕作区，喜寄生槲类植物。

保护现状 无危（LC）。

分布范围 河南，陕西南部，甘肃，西藏南部，云南，四川，贵州南部，湖北，湖南，江西，浙江南部，福建，广东，香港，澳门，广西，海南，台湾。

英文名：Fire-breasted Flowerpecker
体　长：7~9cm

红胸啄花鸟（雌） 摄影/匡中帆

蓝喉太阳鸟（雄） 摄影/孟宪伟

（五十四）花蜜鸟科 Nectariniidae

241. 蓝喉太阳鸟

Aethopyga gouldiae

形态特征 雄鸟头和喉辉紫蓝色，背呈暗红色；腰和腹部黄色；胸部或与背同为红色，或与腹部同为黄色，或黄色染以红色。蓝色尾有延长。雌鸟上体橄榄色，下体绿黄色，颏及喉烟橄榄色。虹膜褐色；喙黑色；脚褐色。

生态习性 栖息于高山阔叶林、沟谷林、稀树灌丛以至河边和公路边的乔木树丛和竹丛中。常见单个或成对活动觅食，也有成小群活动。主要以花蜜为食。

保护现状 无危（LC）。

分布范围 西藏东南部，河南，陕西南部，甘肃东南部，云南，四川，重庆，贵州，湖北西部，湖南西部，广东，香港，广西。

英文名：Mrs. Gould's Sunbird
体　长：14~15cm

蓝喉太阳鸟（雌） 摄影/匡中帆

242. 叉尾太阳鸟
Aethopyga christinae

形态特征 头顶闪绿彩；上体灰黑色或暗橄榄黄色；腰鲜黄色；尾金属绿；中央尾羽羽轴先端延长呈针状；喉、胸赭红色或褐红色；腹部灰黄色。头侧黑色而具闪辉绿色的髭纹和绛紫色的喉斑。雌鸟甚小，上体橄榄色，下体浅绿黄色。虹膜褐色；喙黑色；脚黑色。

生态习性 栖息于森林及有林地区甚至城镇，常光顾开花的矮丛及树木。主要以花蜜为食。

保护现状 无危（LC）。

分布范围 河南，云南南部，四川，重庆，贵州，湖北西北部，湖南，江西东北部，浙江，福建，广东，香港，澳门，广西，海南。

英文名：Fork-tailed Sunbird
体　长：9~11cm

叉尾太阳鸟（雌）　摄影/郭轩

叉尾太阳鸟（雄）　摄影/张卫民

棕胸岩鹨 摄影/李利伟

（五十五）岩鹨科 Prunellidae

243. 棕胸岩鹨
Prunella strophiata

英文名：Rufous-breasted Accentor

体　长：13~16cm

形态特征　通体褐色具纵纹。眼先上具狭窄白线，眼后具栗黄色粗眉纹，下体白色，两胁和腹部多黑色纵纹，仅胸带黄褐色。虹膜浅褐色；喙黑色；脚暗橘黄色。

生态习性　栖息于海拔1800~4500m的高山灌丛和沟谷草地。冬季迁移到低海拔地区。常集小群在地面或灌丛中觅食。

保护现状　无危（LC）。

分布范围　河南，陕西南部，内蒙古西部，宁夏南部，甘肃，西藏，青海，云南西北部，四川，重庆，贵州北部，湖北西部，湖南。

(五十六)梅花雀科 Estrildidae

244. 白腰文鸟
Lonchura striata

形态特征 头颈、上背及喉和胸为暗栗黑褐色,具淡棕白色纤细斑纹;腰白色;尾黑色;腹部淡灰白色。两性相似。亚成鸟色较淡,腰皮黄色。虹膜褐色;喙灰色;脚灰色。

生态习性 栖息于田坝区和丘陵、低山地带的林缘灌木草丛。性喧闹吵嚷,结小群生活。习性似其他文鸟。觅食草籽、谷物和昆虫。

保护现状 无危(LC)。

英文名: White-rumped Munia
体 长: 10~12cm

分布范围 西藏东南部,山东,河南,陕西南部,甘肃南部,云南,四川,重庆,贵州,湖北,湖南,安徽,江西,江苏,上海,浙江,福建,广东,香港,澳门,广西,海南,台湾。

白腰文鸟 摄影/孟宪伟

山麻雀（雄） 摄影/匡中帆

（五十七）雀科 Passeridae

245. 山麻雀
Passer cinnamomeus

形态特征 雄鸟上体较栗红色；耳羽无黑色斑块；眉纹不显著。雌鸟上体呈深褐色；喉无黑色斑块；眉纹显著。雌雄异色。虹膜褐色；喙雄鸟灰色，雌鸟黄色而喙端色深；脚粉褐色。

生态习性 结群栖息于高地的开阔林、林地或于近耕地的灌木丛。

保护现状 无危（LC）。

分布范围 西藏南部和东南部，云南，四川，重庆，贵州，北京，天津，河北，山东，河南，山西，陕西，宁夏，甘肃，青海东部，湖北，湖南，安徽，江西，江苏，上海，浙江，福建，广东，香港，广西，台湾。

英 文 名：Russet Sparrow
体　　长：12~14cm

山麻雀（雌） 摄影/匡中帆

第二章 鸟类分类描述 267

246. 麻雀
Passer montanus

英文名：Eurasian Tree Sparrow

体　长：12~15cm

形态特征　前额、头顶至后颈纯肝褐色；上体沙棕褐色；背杂有黑色条纹；耳羽有黑色斑块，颏、喉黑色；于脸颊具明显黑色斑点且喉部黑色较少。两性相似。幼鸟似成鸟但色较暗淡，喙基黄色。虹膜深褐色；喙黑色；脚粉褐色。

生态习性　栖息于有稀疏树木的地区、村庄及农田，食谷物。常群集田间啄食种芽和谷粒，在繁殖期吃一部分昆虫。营巢地点大都选定在建筑物场所里，如房舍、庙宇、城市等。

保护现状　无危（LC）。

分布范围　见于各省份。

麻雀　摄影/沈惠明

山鹡鸰 摄影/张卫民

(五十八)鹡鸰科 Motacillidae

247. 山鹡鸰
Dendronanthus indicus

英文名：Forest Wagtail
体　长：16~18cm

形态特征　通体褐色及黑白色。上体橄榄绿褐色；眉纹白色；飞羽黑色；翅上覆羽具宽阔淡黄白色羽端；尾呈凹尾型下体白色，胸上具两道黑色的横斑纹，较下的一道横纹有时不完整。虹膜灰色；喙角质褐色，下喙较淡；脚偏粉色。

生态习性　单独或成对在开阔森林地面穿行。尾轻轻往两侧摆动。受惊时作波状低飞仅至前方几米处停下，也停栖在树上。

保护现状　无危（LC）。

分布范围　除西藏、新疆外，见于各省份。

树鹨 摄影/孟宪伟

248. 树鹨
Anthus hodgsoni

形态特征 上体橄榄绿褐色，满布暗褐色纵纹；具显著的白色眉纹；翅上具两道棕黄色翅斑；下体白色，胸和两胁沾棕黄色，并具显著的黑色纵纹；最外侧1对尾羽大都白色，次1对尾羽仅尖端具小的三角形白斑。两性相似。虹膜褐色；下喙偏粉色，上喙角质色；脚粉红色。

生态习性 栖息于阔叶林、针叶林、针阔叶混交林和稀树灌木丛、草地，也见于居民点房屋和田野等地的树木上。

保护现状 无危（LC）。

分布范围 见于各省份。

英文名：Olive-backed Pipit

体　长：15~17cm

249. 粉红胸鹨
Anthus roseatus

形态特征 上体橄榄灰褐色，上背具显著的黑褐色纵纹；羽缘淡棕白色，呈斑杂状；胸部淡葡萄红色，成鸟繁殖羽胸部几无黑色纵纹，非繁殖羽胸部具黑色纵纹而葡萄红色较浅淡；两胁具黑色纵纹；腋羽鲜黄色。后爪较后趾为长。两性相似。虹膜褐色；喙灰色；脚偏粉色。

生态习性 栖息于山坡稀树草地、耕作地和田野，有时也见于林缘和灌木林地带。多单个或结小群在地上活动。觅食昆虫和草籽。

保护现状 无危（LC）。

英文名： Rosy Pipit
体　长： 15~17cm

分布范围 河北北部，北京，山东，山西，陕西南部，内蒙古东部，宁夏，甘肃北部，青海，新疆西部和南部，西藏，云南，四川，重庆，贵州，湖北，江西，福建西北部，海南。

粉红胸鹨　摄影/孟宪伟

250. 黄腹鹨
Anthus rubescens

英文名：Buff-bellied Pipit
体　长：14~17cm

形态特征　通体褐色具纵纹。眼先上具狭窄白线至眼后转为特征性的黄褐色眉纹，下体白色而带黑色纵纹，仅胸带黄褐色。虹膜浅褐色；喙黑色；脚暗橘黄色。

生态习性　喜较高处的森林及林线以上的灌木丛，冬季见于溪流两岸的潮湿地和稻田中。

保护现状　无危（LC）。

分布范围　除宁夏、西藏、青海外，见于各省份。

黄腹鹨　摄影/张海波

黄鹡鸰 摄影/沈惠明

251. 黄鹡鸰
Motacilla tschutschensis

形态特征 头顶灰色或与背同呈橄榄绿色；腰部稍浅淡；翅上覆羽和飞羽黑褐色，具黄色端缘，形成两道明显的黄色翅斑；尾羽黑褐色，最外侧2对大部白色；颏尖白色；头灰色，无眉纹，颏白色而喉黄色；下体余部亮黄色。两性相似。雌鸟及亚成鸟无黄色的臀部。亚成鸟腹部白色。虹膜褐色；喙褐色；脚褐色至黑色。

生态习性 常见三五只结小群在田野或林缘山坡草地、水域边缘的浅滩地带活动。觅食昆虫。

保护现状 无危（LC）。

英文名： Eastern Yellow Wagtail
体　长： 16~18cm

分布范围 黑龙江，吉林，辽宁，北京，河北，河南，山东，山西，陕西，内蒙古，青海，宁夏，甘肃，西藏南部，云南，四川，贵州，湖北，湖南，江西，江苏，上海，浙江，福建，广东，香港，广西，海南，台湾。

252. 灰鹡鸰
Motacilla cinerea

形态特征 前额、头顶至背部概为灰色；腰和尾上覆羽黄绿色；眉纹和颚纹白色；颏、喉至上胸白色（有的稍沾黄色）或黑色（繁殖羽）；胸、腹部至尾下覆羽亮黄色；飞羽黑褐色；后爪显著弯曲，较后趾为短。成鸟下体黄色，亚成鸟偏白色。虹膜褐色；喙黑褐色；脚粉灰色。

英文名：Gray Wagtail
体　长：16~20cm

生态习性 常光顾多岩溪流并在潮湿砾石或沙地觅食，也于最高山脉的高山草甸上活动。

保护现状 无危（LC）。

分布范围 见于各省份。

灰鹡鸰　摄影／匡中帆

黄头鹡鸰 摄影/沈惠明

253. 黄头鹡鸰
Motacilla citreola

英文名：Citrine Wagtail

体　长：16~20cm

形态特征　雄鸟整个头部和下体黄色，头顶部分羽端微黑色；后颈黑色，形成一黑领，沿颈侧达上胸两侧；上体余部包括肩羽在内为苍灰色；尾羽黑色；两翼暗褐色，中、大覆羽及三级飞羽均具宽阔白色羽缘，其余羽缘狭窄；尾下覆羽白色带黄色。雌鸟与雄鸟相似，但头顶显得亮黄色，很少羽端黑色。虹膜深褐色；喙和脚黑色。

生态习性　常沿水边活动，见于水稻秧田中。以水生昆虫等为食。

保护现状　无危（LC）。

分布范围　新疆，黑龙江，吉林，辽宁，北京，河北，山东，河南，山西，陕西，内蒙古，宁夏，甘肃，西藏，青海，云南，四川，贵州，湖北，湖南，安徽，江西，江苏，上海，浙江，福建，广东，香港，台湾。

254. 白鹡鸰

Motacilla alba

形态特征 体羽为黑色和白色；上体大都黑色，下体除胸部具黑斑外，纯白色；翅黑色具显著的白色斑纹；尾羽外侧2对纯白色，其余中央尾羽主要呈黑色；飞行姿势呈波浪起伏，停栖时尾羽不停地上下摆动。非繁殖羽头后、颈背及胸具黑色斑纹，但不如繁殖羽扩展，黑色的多少随亚种而异。虹膜褐色；喙和脚黑色。

生态习性 栖息于江、河、溪流、湖泊、水库坝塘等水域周围的沙滩、石头或沼泽湿地的草地上，也常见于田坝之中和居民区建筑物及砂石马路上。多在地上活动觅食，站立时尾羽上下摆动。食物主要为昆虫。

英文名：White Wagtail
体　长：17~20cm

保护现状 无危（LC）。

分布范围 见于各省份。

白鹡鸰　摄影/匡中帆

燕雀 摄影/孟宪伟

（五十九）燕雀科 Fringillidae

255. 燕雀
Fringilla montifringilla

英文名：Brambling
体　长：13~16cm

形态特征 胸棕色而腰白色。雄成鸟头及颈背黑色，背近黑色；腹部白色，两翼及叉形的尾黑色，有醒目的白色"肩"斑和棕色的翼斑，且初级飞羽基部具白色斑点。非繁殖羽头部图纹明显为褐色、灰色及近黑色。虹膜褐色；喙黄色，喙尖黑色；脚粉褐色。

生态习性 喜跳跃和波状飞行。成对或小群活动。冬季可集群达千只以上于地面或树上取食。

保护现状 无危（LC）。

分布范围 除宁夏、西藏、青海、海南外，见于各省份。

黑尾蜡嘴雀 摄影/张海波

256. 黑尾蜡嘴雀
Eophona migratoria

英文名：Chinese Grosbeak
体　长：15~18cm

形态特征　雄鸟头顶和面部由喙基至颈侧以及颏、喉均辉黑色；后颈、背、肩暗灰褐色；腰及尾上覆羽浅灰色，两翅及尾表面辉黑色，外侧飞羽的末端白色，内侧飞羽及初级覆羽具白端，下喉、胸及腹浅灰色，两胁橙棕色，下腹至尾下覆羽白色。雌鸟头无黑色，上体灰褐色。虹膜褐色；喙黄色，端部黑色；脚粉褐色。

生态习性　多见数十只成群，栖息于松树或阔叶树顶端，从不见于密林。食物以野生树果及种子等为主。

保护现状　无危（LC）。

分布范围　除宁夏、新疆、西藏、青海外，见于各省份。

257. 普通朱雀
Carpodacus erythrinus

英文名：Common Rosefinch

体　长：13~15cm

形态特征　雄鸟头鲜红色，由颊到胸红色；翼斑和腰带粉红色，无眉纹，腹白色，脸颊及耳羽色深；雌鸟上体橄榄灰色，额与头顶具斑纹；翼斑淡皮黄色。繁殖期雄鸟头、胸、腰及翼斑多具鲜亮红色。虹膜深褐色；喙灰色；脚近黑色。

生态习性　喜栖息于沿溪河谷的灌木丛、针阔叶混交林和阔叶林缘，很少到针叶林中；迁徙时见于柳林、杂木林以及花园、苗圃和住宅区的树上。单独或小群生活，少有结成大群的。性活泼而又祛疑。飞翔力强而迅速。食物以叶芽、野生植物种子、浆果等为主，也食小型鞘翅目昆虫和幼虫。

保护现状　无危（LC）。

分布范围　见于各省份。

普通朱雀　摄影/沈惠明

酒红朱雀（雌） 摄影/张海波

258. 酒红朱雀
Carpodacus vinaceus

形态特征 雄鸟眉纹粉红色，具光泽，向后伸到后颈；整个体羽暗红色，翅及尾羽黑褐色，具红棕色狭缘。雌鸟上体黄褐色，具黑褐色条纹；下体赭黄色，具暗色条纹。虹膜褐色；喙角质色；脚褐色。

生态习性 多单个或成对活动于林缘灌丛间或农耕地内，有时单独站立在灌木树顶。以种子、昆虫等为食。

保护现状 无危（LC）。

分布范围 河南，陕西南部，宁夏，甘肃南部，云南，四川，重庆，贵州，湖北西部，湖南西部。

英文名：Vinaceous Rosefinch
体　长：13~15cm

酒红朱雀（雄） 摄影/匡中帆

259. 褐灰雀
Pyrrhula nipalensis

英文名：Brown Bullfinch

体　长：16~17cm

形态特征　眼先及喙周羽色暗褐色；眼下具一块白斑；前额、头顶至枕部黑褐色，羽缘淡灰白色，呈鳞斑状；背、肩灰褐色；下背黑褐色；腰羽白色；尾羽外缘和先端与尾上覆羽同为辉紫蓝黑色，飞羽黑褐色，中、小覆羽与背同色。下体灰褐色，腹部中央转淡；尾下覆羽、腋羽和翅下覆羽均白色。虹膜褐色；喙绿灰色，喙端黑色；脚粉褐色。

生态习性　多单个或成对，或十余只结小群活动于阔叶林、针阔混交林及林下灌丛。食物以植物种子和果实为主，兼食少量昆虫。

保护现状　无危（LC）。

分布范围　西藏东南部，云南西北部，山东，陕西，云南，湖北，湖南，江西，浙江南部，福建西北部，广东北部，广西东北部，台湾。

褐灰雀　摄影/柯晓聪

260. 金翅雀
Chloris sinica

英文名：Oriental Greenfinch
体　长：12~14cm

形态特征　具宽阔的黄色翼斑。成体雄鸟顶冠及颈背灰色，背纯褐色，翼斑、外侧尾羽基部及臀黄色。雌鸟色暗，幼鸟色淡且多纵纹。尾呈叉形。虹膜深褐色；喙偏粉色；脚粉褐色。

生态习性　栖息于海拔 2400m 以下的灌丛、旷野、人工林、林园及林缘地带。

保护现状　无危（LC）。

分布范围　除新疆、西藏外，见于各省份。

金翅雀　摄影／匡中帆

黑头金翅雀 摄影/张卫民

261. 黑头金翅雀
Chloris ambigua

形态特征 额至枕黑色，羽缘浅淡，上体暗褐色而缀以橄榄绿色，腰和尾上覆羽纯橄榄绿色；两翅黑色，初级飞羽基部具宽大的亮黄色斑；大覆羽外翈及中、小覆羽暗橄榄黄色；尾羽黑色，羽端和外翈狭缘灰白色，外侧尾羽基部亮黄色；下体暗黄色，缀淡褐色条纹，腹部褐色条纹较少，尾下覆羽亮黄色。虹膜深褐色；喙粉红色；脚粉红色。

生态习性 垂直迁移的候鸟。成对或结小群活动于针叶林或落叶林及有稀疏林木的开阔地。有时在田野取食。

保护现状 无危（LC）。

英文名：Black-headed Greenfinch
体　长：12~14cm

分布范围 西藏南部和东部，青海东北部，云南，四川西部，贵州，广西。

262. 红交嘴雀
Loxia curvirostra

英文名：Red Crossbill
体　长：15~17cm

形态特征　上下喙相侧交，翅上无白色翼斑。雄鸟体羽红色，上背较暗，腰和胸最鲜亮；头侧暗褐色；翅和尾羽黑褐色。雌鸟暗橄榄绿色；腰至尾上覆羽黄绿色，隐现暗色斑纹；翅和尾羽暗褐色。虹膜深褐色；喙近黑色；脚近黑色。

生态习性　越冬游荡且部分鸟结群迁徙。飞行迅速而带起伏。倒悬进食，用交喙嗑开松子。

保护现状　国家二级保护野生动物，无危（LC）。

分布范围　西藏南部，青海，云南西北部和东南部，四川，新疆，黑龙江，吉林，辽宁，北京，天津，河北，山东，河南，山西，陕西，内蒙古东部，宁夏，甘肃，湖北，湖南，江苏，上海，浙江。

红交嘴雀　摄影/孟宪伟

栗耳鹀 摄影/孟宪伟

（六十）鹀科 Emberizidae

263. 栗耳鹀
Emberiza fucata

英文名： Chestnut-eared Bunting

体　长： 14.4~15.8cm

形态特征 头顶至后颈灰色，满布黑色纵纹；上体棕色，上背亦有显著的黑色纵纹；耳羽栗红色；颏、喉白色；显著的黑色条纹形成领环，由喉侧延伸至上胸；胸和胁部棕红色；腹淡棕白色；尾羽黑褐色，外侧2对尾羽端部具楔状白斑。雌鸟羽色较浅淡。虹膜深褐色；上喙黑色具灰色边缘，下喙蓝灰色且基部粉红色；脚粉红色。

生态习性 单个或结小群活动于草坡、耕作区。以杂草种子、嫩苗及昆虫为食。

保护现状 无危（LC）。

分布范围 除新疆、青海外，见于各省份。

三道眉草鹀 摄影/孟宪伟

264. 三道眉草鹀
Emberiza cioides

形态特征 具醒目的黑白色头部图纹和栗色的胸带以及白色的眉纹，上髭纹、颏、喉及胸栗色。繁殖期雄鸟脸部有别致的褐色及黑白色图纹，腰棕色。雌鸟色较淡，眉线及下颊纹皮黄色，胸浓皮黄色，耳羽褐色。幼鸟色淡且多细纵纹，中央尾羽的棕色羽缘较宽，外侧尾羽羽缘白色。虹膜深褐色；喙双色，上喙色深，下喙蓝灰色而喙端色深；脚粉褐色。

生态习性 栖息于高山丘陵的开阔灌丛及林缘地带，冬季下至较低的平原地区。除繁殖期成对或结小群活动外，常几只到几十只一起在地上觅食。以昆虫和杂草种子为食。

英文名：Meadow Bunting

体　长：13.5~16.5cm

保护现状　无危（LC）。

分布范围　除西藏外，见于各省份。

265. 西南灰眉岩鹀
Emberiza yunnanensis

英文名：Southern Rock Bunting
体　长：15~17cm

形态特征　头部灰色较重，侧冠纹栗色。顶冠纹灰色。雌鸟似雄鸟但色淡。各亚种有异，南方亚种 *yunnanensis* 较指名亚种色深且多棕色，最靠西边的亚种 *decolorata* 色彩最淡。幼鸟头、上背及胸具黑色纵纹。虹膜深褐色；喙蓝灰色；脚粉褐色。

生态习性　喜干燥而多岩石的丘陵、山坡及近森林而多灌木丛的沟壑深谷，也见于农耕地。

保护现状　无危（LC）。

分布范围　新疆西部和北部，内蒙古，宁夏，甘肃，西藏，青海，四川，重庆，云南，贵州，广西，黑龙江，辽宁西部，北京，河北东北部，山东，河南，山西，陕西南部，湖北西部，湖南。

西南灰眉岩鹀　摄影/张海波

黄喉鹀　摄影/张海波

266. 黄喉鹀
Emberiza elegans

英文名：Yellow-throated Bunting

体　长：15~16cm

形态特征　雄鸟前额至头顶黑色，形成短的羽冠；眉纹和喉斑呈亮黄色；头侧、颏及胸斑呈黑色；背面棕黄色满布黑色纵纹，肩羽沾灰色；下体余部白色，两胁淡棕色具黑色纵纹；最外侧两对尾羽内翈白斑宽阔。雌鸟头顶和整个背面暗棕黄色；眉纹暗黄色；头侧黑褐色杂暗棕黄色斑纹；颏、喉至胸淡棕黄色；胸和胁部具暗栗褐色纵纹；腹至尾下覆羽白色；尾羽与雄鸟相似。虹膜深栗褐色；喙近黑色；脚浅灰褐色。

生态习性　栖息于丘陵及山脊的干燥落叶林及混交林，越冬在有阴林地、森林及次生灌木丛地带。

保护现状　无危（LC）。

分布范围　黑龙江，吉林，辽宁，北京，天津，河北，山东，河南，山西，陕西，内蒙古，宁夏，甘肃，新疆，云南，四川，重庆，贵州，湖北，湖南，安徽，江西，江苏，上海，浙江，福建，广东，香港，广西，台湾。

267. 蓝鹀
Emberiza siemsseni

英文名：Slaty Bunting
体　长：12~14cm

形态特征　雄鸟体羽大致石蓝灰色，仅腹部、臀及尾外缘白色，三级飞羽近黑色。雌鸟暗褐色而无纵纹，具两道锈色翼斑，腰灰色，头及胸棕色。虹膜深褐色；喙黑色；脚偏粉色。

生态习性　栖息于次生林及灌丛。成对或三五只成小群，活动于毛竹或杉树林中，也见于林缘的草灌丛间，多见于地上，未见在树上活动的。性不畏人。

保护现状　国家二级保护野生动物，无危（LC），中国特有种。

分布范围　河南，陕西南部，甘肃南部，四川，重庆，贵州，安徽，湖北，湖南，江西，浙江，福建，广东，广西。

蓝鹀（雌）　摄影/匡中帆

蓝鹀（雄）　摄影/匡中帆

小鹀 摄影/张海波

268. 小鹀
Emberiza pusilla

英文名：Little Bunting
体　长：11~14cm

形态特征　繁殖羽成鸟体小而头具黑色和栗色条纹，眼圈色浅。非繁殖羽头顶中央冠纹暗栗红色；侧冠纹黑色较显著；眉纹、颊和耳羽棕红色；眼后纹和颚纹黑色；上体棕褐色，满布黑色纵纹；下体淡棕白色；胸和体侧亦有黑色纵纹。虹膜深红褐色；喙灰色；脚红褐色。

生态习性　越冬结小群活动于低山丘陵地带的阔叶林、针阔混交林、针叶林、灌丛和稀树草坡、耕作区或竹林间。以杂草种子和昆虫为食。

保护现状　无危（LC）。

分布范围　见于各省份。

269. 灰头鹀
Emberiza spodocephala

英文名：Black-faced Bunting

体　长：13~16cm

形态特征　眼先、眼圈和喙基线黑色；头、颈、颏、喉至胸灰绿色；上背和肩羽棕褐具黑色纵纹；下背至尾上覆羽橄榄棕褐色；翅、尾黑褐色，外缘棕褐色；腹部黄色，胁部具黑色纵纹；外侧两对尾羽具宽阔白斑。雌鸟上体棕褐色具黑色纵纹；下体黄色；胸部具黑褐色纵纹。虹膜深栗褐色；上喙近黑色并具浅色边缘，下喙偏粉色且喙端深色；脚粉褐色。

生态习性　结小群活动于稀树草坡、耕作区和果园。以稻谷和杂草种子为食。

保护现状　无危（LC）。

分布范围　除西藏外，见于各省份。

灰头鹀　摄影 / 张卫民

白眉鹀 摄影/黄吉红

270. 白眉鹀
Emberiza tristrami

形态特征 头顶黑色具白色中央冠纹；眉纹和颊纹白色；脸黑色；颏白色；喉黑色；背红褐色具黑褐色纵纹；腰至尾上覆羽和中央 1 对尾羽栗红色；胸和胁赤褐色；下体余部白色。虹膜深栗褐色；上喙蓝灰色，下喙偏粉色；脚浅褐色。

英文名： Tristram's Bunting
体　长： 14~16cm

生态习性 多隐藏于山坡林下的浓密灌丛中。越冬单个或 3~5 个结群。多以昆虫为食。

保护现状 无危（LC）。

分布范围 除宁夏、新疆、西藏、青海、海南外，见于各省份。

参考文献

关贯勋，谭耀匡，2003. 中国动物志·鸟纲（第七卷 夜鹰目 雨燕目 咬鹃目 佛法僧目 䴕形目）[M]. 北京：科学出版社.

孔志红，张海波，粟海军，2021. 阿哈湖鸟类图鉴 [M]. 北京：中国林业出版社.

匡中帆，姚正明，2020. 中国茂兰鸟类 [M]. 北京：科学出版社.

雷富民，卢汰春，2006. 中国鸟类特有种 [M]. 北京：科学出版社.

刘阳，陈水华，2021. 中国鸟类观察手册 [M]. 长沙：湖南科学技术出版社.

聂延秋，2018. 中国鸟类识别手册（第二版）[M]. 北京：中国林业出版社.

王岐山，马鸣，高育仁，2006. 中国动物志·鸟纲（第五卷 鹤形目 鸻形目 鸥形目）[M]. 北京：科学出版社.

吴至康，1984. 贵州绥阳县宽阔水林区鸟类调查报告 [J]. 贵州科学（1）：41-58.

吴志康，1986. 贵州鸟类志 [M]. 贵阳：贵州人民出版社.

杨岚，文贤继，韩联宪，等，1994. 云南鸟类志（上卷 非雀形目）[M]. 昆明：云南科技出版社.

杨岚，杨晓君，等，2004. 云南鸟类志（下卷 雀形目）[M]. 昆明：云南科技出版社.

姚小刚，李继祥，2014. 宽阔水国家级自然保护区鸟类多样性分析 [J]. 绿色科技（4），13-18.

喻理飞，陈光平，余登利，2018. 贵州宽阔水国家级自然保护区生物多样性保护研究 [M]. 北京：科学出版社.

喻理飞，谢双喜，吴太伦，2004. 宽阔水自然保护区综合科学考察集 [M]. 贵阳：贵州省科技出版社.

约翰·马敬能，2022. 中国鸟类野外手册（上、下册）[M]. 北京：商务印书馆.

张荣祖，2011. 中国动物地理 [M]. 北京：科学出版社.

张雁云，郑光美，2021 中国生物多样性红色名录·第2卷 脊椎动物 鸟类 [M]. 北京：科学出版社.

赵正阶，2001. 中国鸟类志（上、下卷）[M]. 长春：吉林科学技术出版社.

郑光美，2012. 鸟类学 [M]. 北京：科学出版社.

郑光美，2023. 中国鸟类分类与分布名录（第四版）[M]. 北京：科学出版社.

郑作新，1987. 中国鸟类区系纲要 [M]. 北京：科学出版社.

郑作新，龙泽虞，卢汰春，1995. 中国动物志·鸟纲（第十卷 雀形目：鹟科鸫亚科）[M]. 北京：科学出版社.

郑作新，龙泽虞，郑宝赉，1987. 中国动物志·鸟纲（第十一卷 雀形目：鹟科画眉亚科）[M]. 北京：科学出版社.

郑作新, 卢汰春, 杨岚, 等, 2010. 中国动物志·鸟纲（第十二卷 雀形目：鹟科莺亚科、鹟亚科）[M]. 北京：科学出版社.

郑作新, 谭耀匡, 卢汰春, 等, 1978. 中国动物志·鸟纲（第四卷 鸡形目）[M]. 北京：科学出版社.

郑作新, 冼耀华, 关贯勋, 1991. 中国动物志·鸟纲（第六卷 鹦形目 鹃形目 鸮形目）[M]. 北京：科学出版社.

郑作新, 郑光美, 张孚允, 等, 1997. 中国动物志·鸟纲（第一卷 潜鸟目 䴙䴘目 鹱形目 鹈形目 鹳形目）[M]. 北京：科学出版社.

附 录

宽阔水国家级自然保护区鸟类名录

目、科、种	保护级别	CITES附录	中国红色名录	是否特有	居留类型	区系从属
一、鸡形目 GALLIFORMES						
（一）雉科 Phasianidae						
1. 红腹角雉 *Tragopan temminckii*	二		NT		留	东
2. 白冠长尾雉 *Syrmaticus reevesii*	一	附录Ⅱ	EN	√	留	古
3. 白颈长尾雉 *Syrmaticus ellioti*	一	附录Ⅰ	VU	√	留	东
4. 红腹锦鸡 *Chrysolophus pictus*	二		NT	√	留	东
5. 环颈雉 *Phasianus colchicus*			LC		留	古
6. 白鹇 *Lophura nycthemera*	二		LC		留	东
7. 灰胸竹鸡 *Bambusicola thoracicus*			LC	√	留	东
二、雁形目 ANSERIVFORMES						
（二）鸭科 Anatidae						
8. 赤麻鸭 *Tadorna ferruginea*			LC		冬	
9. 棉凫 *Nettapus coromandelianus*	二		EN		夏	东
10. 鸳鸯 *Aix galericulata*	二		NT		留	古
11. 白眼潜鸭 *Aythya nyroca*			NT		冬	
12. 罗纹鸭 *Mareca falcata*			NT		冬	
13. 赤颈鸭 *Mareca penelope*			LC		冬	
14. 绿头鸭 *Anas platyrhynchos*			LC		冬	
15. 针尾鸭 *Anas acuta*			LC		冬	
16. 绿翅鸭 *Anas crecca*			LC		冬	
三、䴙䴘目 PODICIPEDIFORMES						
（三）䴙䴘科 Podicipedidae						
17. 小䴙䴘 *Tachybaptus ruficollis*			LC		留	广
四、鸽形目 COLUMBIFORMES						
（四）鸠鸽科 Columbidae						
18. 山斑鸠 *Streptopelia orientalis*			LC		留	广
19. 珠颈斑鸠 *Streptopelia chinensis*			LC		留	东

(续)

目、科、种	保护级别	CITES 附录	中国红色名录	是否特有	居留类型	区系从属
20. 红翅绿鸠 *Treron sieboldii*	二		LC		留	东
五、夜鹰目 CAPRIMULGIFORMES						
（五）夜鹰科 Caprimulgidae						
21. 普通夜鹰 *Caprimulgus indicus*			LC		夏	广
（六）雨燕科 Apodidae						
22. 短嘴金丝燕 *Aerodramus brevirostris*			NT		夏	古
23. 白腰雨燕 *Apus pacificus*			LC		夏	古
24. 小白腰雨燕 *Apus nipalensis*			LC		夏	东
六、鹃形目 CUCULIFORMES						
（七）杜鹃科 Cuculidae						
25. 褐翅鸦鹃 *Centropus sinensis*	二		LC		留	东
26. 红翅凤头鹃 *Clamator coromandus*			LC		夏	东
27. 噪鹃 *Eudynamys scolopacea*			LC		夏	东
28. 翠金鹃 *Chrysococcyx maculatus*			NT		夏	东
29. 八声杜鹃 *Cacomantis merulinus*			LC		夏	东
30. 乌鹃 *Surniculus lugubris*			LC		夏	东
31. 大鹰鹃 *Hierococcyx sparverioides*			LC		夏	东
32. 棕腹鹰鹃 *Hierococcyx nisicolor*			LC		夏	东
33. 四声杜鹃 *Cuculus micropterus*			LC		夏	广
34. 大杜鹃 *Cuculus canorus*			LC		夏	广
35. 中杜鹃 *Cuculus saturatus*			LC		夏	古
36. 小杜鹃 *Cuculus poliocephalus*			LC		夏	广
七、鹤形目 GRUIFORMES						
（八）秧鸡科 Rallidae						
37. 红胸田鸡 *Zapornia fusca*			NT		夏	东
38. 白胸苦恶鸟 *Amaurornis phoenicurus*			LC		夏	东
39. 黑水鸡 *Gallinula chloropus*			LC		留	广
40. 白骨顶 *Fulica atra*			LC		冬	
八、鹈形目 PELECANIFORMES						
（九）鹭科 Ardeidae						
41. 栗苇鳽 *Ixobrychus cinnamomeus*			LC		夏	东
42. 夜鹭 *Nycticorax nycticorax*			LC		夏	广
43. 池鹭 *Ardeola bacchus*			LC		夏	东

(续)

目、科、种	保护级别	CITES 附录	中国红色名录	是否特有	居留类型	区系从属
44. 牛背鹭 *Bubulcus coromandus*			LC		留	东
45. 苍鹭 *Ardea cinerea*			LC		留	广
46. 大白鹭 *Ardea alba*			LC		旅	
47. 白鹭 *Egretta garzetta*			LC		留	东
九、鸻形目 CHARADRIIFORMES						
（十）鸻科 Charadriidae						
48. 灰头麦鸡 *Vanellus cinereus*			LC		夏或旅	广
49. 金眶鸻 *Charadrius dubius*			LC		夏	广
（十一）鹬科 Scoiopacidae						
50. 丘鹬 *Scolopax rusticola*			LC		冬	
51. 矶鹬 *Actitis hypoleucos*			LC		旅或冬	
52. 白腰草鹬 *Tringa ochropus*			LC		冬	
（十二）鸥科 Laridae						
53. 红嘴鸥 *Chroicocephalus ridibundus*			LC		冬	
十、鸮形目 STRIGIFORMES						
（十三）鸱鸮科 Strigidae						
54. 领鸺鹠 *Glaucidium brodiei*	二	附录Ⅱ	LC		留	东
55. 斑头鸺鹠 *Glaucidium cuculoides*	二	附录Ⅱ	LC		留	东
56. 领角鸮 *Otus lettia*	二	附录Ⅱ	LC		留	广
57. 红角鸮 *Otus sunia*	二	附录Ⅱ	LC		留	古
58. 短耳鸮 *Asio flammeus*	二	附录Ⅱ	NT		冬	
59. 灰林鸮 *Strix nivicolum*	二	附录Ⅱ	NT		留	古
60. 黄腿渔鸮 *Ketupa flavipes*	二	附录Ⅱ	LC		留	广
十一、鹰形目 ACCIPITRIFORMES						
（十四）鹗科 Pandionidae						
61. 鹗 *Pandion haliaetus*	二	附录Ⅱ	NT		留	广
（十五）鹰科 Accipitridae						
62. 凤头蜂鹰 *Pernis ptilorhyncus*	二	附录Ⅱ	NT		旅	
63. 黑冠鹃隼 *Aviceda leuphotes*	二	附录Ⅱ	LC		留	东
64. 蛇雕 *Spilornis cheela*	二	附录Ⅱ	NT		留	东
65. 白腹隼雕 *Aquila fasciata*	二	附录Ⅱ	VU		留	东
66. 凤头鹰 *Accipiter trivirgatus*	二	附录Ⅱ	NT		留	东
67. 赤腹鹰 *Accipiter soloensis*	二	附录Ⅱ	LC		夏	广

(续)

目、科、种	保护级别	CITES附录	中国红色名录	是否特有	居留类型	区系从属
68. 日本松雀鹰 *Accipiter gularis*	二	附录Ⅱ	LC		冬	广
69. 松雀鹰 *Accipiter virgatus*	二	附录Ⅱ	LC		留	广
70. 雀鹰 *Accipiter nisus*	二	附录Ⅱ	LC		冬	
71. 鹊鹞 *Circus melanoleucos*	二	附录Ⅱ	NT		冬	
72. 黑鸢 *Milvus migrans*	二	附录Ⅱ	LC		留	广
73. 灰脸鵟鹰 *Butastur indicus*	二	附录Ⅱ	NT		冬	
74. 普通鵟 *Buteo japonicus*	二	附录Ⅱ	LC		冬	
十二、咬鹃目 TROGONIFORMES						
（十六）咬鹃科 Trogonidae						
75. 红头咬鹃 *Harpactes erythrocephalus*	二		NT		留	东
十三、犀鸟目 BUCEROTIFORMES						
（十七）戴胜科 Upupidae						
76. 戴胜 *Upupa epops*			LC		留	广
十四、佛法僧目 CORACIIFORMES						
（十八）佛法僧科 Coraciidae						
77. 三宝鸟 *Eurystomus orientalis*			LC		夏	东
（十九）翠鸟科 Alcedinidae						
78. 普通翠鸟 *Alcedo atthis*			LC		留	广
79. 冠鱼狗 *Megaceryle lugubris*			LC		留	东
80. 蓝翡翠 *Halcyon pileata*			LC		夏	东
十五、啄木鸟目 PICIFORMES						
（二十）拟啄木鸟科 Megalaimidae						
81. 大拟啄木鸟 *Psilopogon virens*			LC		留	东
82. 黑眉拟啄木鸟 *Psilopogon faber*			LC	√	留	东
（二十一）啄木鸟科 Picidae						
83. 斑姬啄木鸟 *Picumnus innominatus*			LC		留	东
84. 黄嘴栗啄木鸟 *Blythipicus pyrrhotis*			LC		留	东
85. 栗啄木鸟 *Micropternus brachyurus*			LC		留	东
86. 灰头绿啄木鸟 *Picus canus*			LC		留	广
87. 星头啄木鸟 *Dendrocopos canicapillus*			LC		留	东
88. 大斑啄木鸟 *Dendrocopos major*			LC		留	广
十六、隼形目 FALCONIFORMES						
（二十二）隼科 Falconidae						

(续)

目、科、种	保护级别	CITES 附录	中国红色名录	是否特有	居留类型	区系从属
89. 红隼 *Falco tinnunculus*	二	附录 II	LC		留	古
90. 红脚隼 *Falco amurensis*	二	附录 II	NT		旅	
91. 燕隼 *Falco subbuteo*	二	附录 II	LC		夏	古
92. 游隼 *Falco peregrinus*	二	附录 I	NT		留	广
十七、雀形目 PASSERIFORMES						
(二十三) 黄鹂科 Oriolidae						
93. 黑枕黄鹂 *Oriolus chinensis*			LC		夏	东
(二十四) 莺雀科 Vireonidae						
94. 白腹凤鹛 *Erpornis zantholeuca*			LC		留	东
95. 红翅鸥鹛 *Pteruthius aeralatus*			LC		留	东
96. 淡绿鸥鹛 *Pteruthius xanthochlorus*			NT		留	东
(二十五) 山椒鸟科 Campephagidae						
97. 灰喉山椒鸟 *Pericrocotus solaris*			LC		夏	东
98. 短嘴山椒鸟 *Pericrocotus brevirostris*			LC		夏	东
99. 长尾山椒鸟 *Pericrocotus ethologus*			LC		留	东
100. 暗灰鹃䴗 *Lalage melaschistos*			LC		夏	东
(二十六) 卷尾科 Dicruridae						
101. 黑卷尾 *Dicrurus macrocercus*			LC		夏	东
102. 灰卷尾 *Dicrurus leucophaeus*			LC		夏	东
103. 发冠卷尾 *Dicrurus hottentottus*			LC		夏	东
(二十七) 王鹟科 Monarchinae						
104. 寿带 *Terpsiphone incei*			NT		夏	东
(二十八) 伯劳科 Laniidae						
105. 虎纹伯劳 *Lanius tigrinus*			LC		夏	古
106. 牛头伯劳 *Lanius bucephalus*			LC		冬	
107. 红尾伯劳 *Lanius cristatus*			LC		夏	古
108. 棕背伯劳 *Lanius schach*			LC		留	东
109. 灰背伯劳 *Lanius tephronotus*			LC		夏	东
(二十九) 鸦科 Corvidae						
110. 松鸦 *Garrulus glandarius*			LC		留	古
111. 红嘴蓝鹊 *Urocissa erythrorhyncha*			LC		留	东
112. 灰树鹊 *Dendrocitta formosae*			LC		留	东
113. 喜鹊 *Pica serica*			LC		留	古

(续)

目、科、种	保护级别	CITES 附录	中国红色名录	是否特有	居留类型	区系从属
114. 达乌里寒鸦 *Corvus dauuricus*			LC		留	古
115. 白颈鸦 *Corvus pectoralis*			NT		留	广
116. 大嘴乌鸦 *Corvus macrorhynchos*			LC		留	广
(三十) 玉鹟科 Stenostiridae						
117. 方尾鹟 *Culicicapa ceylonensis*			LC		夏	东
(三十一) 山雀科 Paridae						
118. 黄眉林雀 *Sylviparus modestus*			LC		留	东
119. 黄腹山雀 *Periparus venustulus*			LC		留	东
120. 大山雀 *Parus minor*			LC		留	广
121. 绿背山雀 *Parus monticolus*			LC		留	东
(三十二) 百灵科 Alaudidae						
122. 小云雀 *Alauda gulgula*			LC		留	东
(三十三) 扇尾莺科 Cisticolidae						
123. 山鹪莺 *Prinia striata*			LC	√	留	东
124. 纯色山鹪莺 *Prinia inornata*			LC		留	东
(三十四) 苇莺科 Acrocephalidae						
125. 钝翅苇莺 *Acrocephalus concinens*			LC		夏或旅	广
(三十五) 鳞胸鹪鹛科 Pnoepygidae						
126. 小鳞胸鹪鹛 *Pnoepyga pusilla*			LC		留	东
(三十六) 蝗莺科 Locustellidae						
127. 棕褐短翅蝗莺 *Locustella luteoventris*			LC		夏	东
128. 斑胸短翅蝗莺 *Locustella thoracica*			LC		夏	古
129. 高山短翅蝗莺 *Locustella mandelli*			LC		留	东
130. 四川短翅蝗莺 *Locustella chengi*			LC	√	夏	广
(三十七) 燕科 Hirundinidae						
131. 崖沙燕 *Riparia riparia*			LC		旅	
132. 家燕 *Hirundo rustica*			LC		夏或旅	古
133. 烟腹毛脚燕 *Delichon dasypus*			LC		夏	古
134. 金腰燕 *Cecropis daurica*			LC		夏	广
(三十八) 鹎科 Pycnonotidae						
135. 领雀嘴鹎 *Spizixos semitorques*			LC		留	东
136. 黄臀鹎 *Pycnonotus xanthorrhous*			LC		留	东
137. 白头鹎 *Pycnonotus sinensis*			LC		留	东

（续）

目、科、种	保护级别	CITES 附录	中国红色名录	是否特有	居留类型	区系从属
138. 绿翅短脚鹎 *Ixos mcclellandii*			LC		留	东
139. 栗背短脚鹎 *Hemixos castanonotus*			LC		留	东
140. 黑短脚鹎 *Hypsipetes leucocephalus*			LC		留	东
(三十九) 柳莺科 Phylloscopidae						
141. 黄眉柳莺 *Phylloscopus inornatus*			LC		冬	
142. 黄腰柳莺 *Phylloscopus proregulus*			LC		冬	
143. 棕眉柳莺 *Phylloscopus armandii*			LC		旅	
144. 华西柳莺 *Phylloscopus occisinensis*			LC		夏	广
145. 褐柳莺 *Phylloscopus fuscatus*			LC		旅	
146. 棕腹柳莺 *Phylloscopus subaffinis*			LC		留	广
147. 白眶鹟莺 *Phylloscopus intermedius*			LC		夏	东
148. 灰冠鹟莺 *Seicercus tephrocephalus*			LC		冬	
149. 比氏鹟莺 *Seicercus valentini*			LC		留	东
150. 淡尾鹟莺 *Seicercus soror*			LC		夏	广
151. 峨眉鹟莺 *Seicercus omeiensis*			LC		夏	东
152. 暗绿柳莺 *Phylloscopus trochiloides*			LC		旅	
153. 峨眉柳莺 *Phylloscopus emeiensis*			LC	√	夏	东
154. 栗头鹟莺 *Phylloscopus castaniceps*			LC		夏	东
155. 黑眉柳莺 *Phylloscopus ricketti*			LC		夏	古
156. 西南冠纹柳莺 *Phylloscopus reguloides*			LC		夏	广
157. 白斑尾柳莺 *Phylloscopus ogilviegranti*			LC		夏	东
(四十) 树莺科 Cettiidae						
158. 棕脸鹟莺 *Abroscopus albogularis*			LC		留	东
159. 远东树莺 *Horornis canturians*			LC		夏	东
160. 强脚树莺 *Horornis fortipes*			LC		留	东
161. 黄腹树莺 *Horornis acanthizoides*			LC		留	东
(四十一) 长尾山雀科 Aegithalidae						
162. 红头长尾山雀 *Aegithalos concinnus*			LC		留	东
(四十二) 鸦雀科 Paradoxornithidae						
163. 金胸雀鹛 *Lioparus chrysotis*	二		LC		留	东
164. 灰头雀鹛 *Fulvetta cinereiceps*			LC	√	留	东
165. 棕头鸦雀 *Sinosuthora webbianus*			LC		留	广
166. 灰喉鸦雀 *Sinosuthora alphonsiana*			LC		留	广

(续)

目、科、种	保护级别	CITES 附录	中国红色名录	是否特有	居留类型	区系从属
167. 金色鸦雀 *Suthora verreauxi*			NT		留	东
168. 灰头鸦雀 *Psittiparus gularis*			LC		留	东
169. 点胸鸦雀 *Paradoxornis guttaticollis*			LC		留	东
(四十三) 绣眼鸟科 Zosteropidae						
170. 白领凤鹛 *Parayuhina diademata*			LC		留	东
171. 栗颈凤鹛 *Staphida torqueola*			LC		留	东
172. 黑颏凤鹛 *Yuhina nigrimenta*			LC		留	东
173. 红胁绣眼鸟 *Zosterops erythropleurus*	二		LC		旅或冬	
174. 暗绿绣眼鸟 *Zosterops simplex*			LC		夏	东
175. 灰腹绣眼鸟 *Zosterops palpebrosus*			LC		留	东
(四十四) 林鹛科 Timaliidae						
176. 斑胸钩嘴鹛 *Erythrogenys gravivox*			LC		留	东
177. 棕颈钩嘴鹛 *Pomatorhinus ruficollis*			LC		留	东
178. 红头穗鹛 *Cyanoderma ruficeps*			LC		留	东
(四十五) 幽鹛科 Pellorneidae						
179. 褐胁雀鹛 *Schoeniparus dubia*			LC		留	东
180. 褐顶雀鹛 *Schoeniparus brunnea*			LC		留	东
(四十六) 雀鹛科 Alcippeidae						
181. 灰眶雀鹛 *Alcippe davidi*			LC		留	东
(四十七) 噪鹛科 Leichrichidae						
182. 画眉 *Garrulax canorus*	二	附录Ⅱ	NT		留	东
183. 褐胸噪鹛 *Garrulax maesi*	二		LC		留	东
184. 灰翅噪鹛 *Ianthocincla cineraceus*			LC		留	东
185. 白颊噪鹛 *Pterorhinus sannio*			LC		留	东
186. 黑脸噪鹛 *Pterorhinus perspicillatus*			LC		留	东
187. 黑领噪鹛 *Pterorhinus pectoralis*			LC		留	古
188. 矛纹草鹛 *Pterorhinus lanceolatus*			LC		留	东
189. 棕噪鹛 *Pterorhinus berthemyi*	二		LC	√	留	东
190. 红尾噪鹛 *Trochalopteron milnei*	二		LC		留	东
191. 火尾希鹛 *Minla ignotincta*			LC		留	东
192. 蓝翅希鹛 *Actinodura cyanouroptera*			LC		留	东
193. 红嘴相思鸟 *Leiothrix lutea*	二	附录Ⅱ	LC		留	东
194. 黑头奇鹛 *Heterophasia desgodinsi*			LC		留	东

(续)

目、科、种	保护级别	CITES 附录	中国红色名录	是否特有	居留类型	区系从属
(四十八) 䴓科 Sittidae						
195. 普通䴓 *Sitta europaea*			LC		留	古
(四十九) 河乌科 Cinclidae						
196. 褐河乌 *Cinclus pallasii*			LC		留	广
(五十) 椋鸟科 Sturnidae						
197. 八哥 *Acridotheres cristatellus*			LC		留	东
198. 丝光椋鸟 *Spodiopsar sericeus*			LC		留	东
(五十一) 鸫科 Turdidae						
199. 橙头地鸫 *Geokichla citrina*			LC		留	东
200. 小虎斑地鸫 *Zoothera dauma*			LC		夏	广
201. 灰背鸫 *Turdus hortulorum*			LC		冬	
202. 黑胸鸫 *Turdus dissimilis*			NT		留	东
203. 灰翅鸫 *Turdus boulboul*			LC		旅	
204. 乌鸫 *Turdus mandarinus*			LC	√	留	广
205. 灰头鸫 *Turdus rubrocanus*			LC		留	东
206. 褐头鸫 *Turdus feae*	二		VU		冬	古
207. 白腹鸫 *Turdus pallidus*			LC		冬或旅	
208. 斑鸫 *Turdus eunomus*			LC		冬	
209. 宝兴歌鸫 *Turdus mupinensis*			LC		留	古
(五十二) 鹟科 Muscicapidae						
210. 鹊鸲 *Copsychus saularis*			LC		留	东
211. 乌鹟 *Muscicapa sibirica*			LC		夏或旅	
212. 北灰鹟 *Muscicapa dauurica*			LC		旅	
213. 棕尾褐鹟 *Muscicapa ferruginea*			LC		旅	
214. 中华仙鹟 *Cyornis glaucicomans*			LC		夏	广
215. 白喉林鹟 *Cyornis brunneatus*	二		VU		夏	东
216. 棕腹大仙鹟 *Niltava davidi*	二		LC		冬	
217. 白腹蓝鹟 *Cyanoptila cyanomelana*			LC		旅	
218. 蓝歌鸲 *Larvivora cyane*			LC		旅	
219. 铜蓝鹟 *Eumyias thalassinus*			LC		夏	东
220. 白腹短翅鸲 *Luscinia phoenicuroides*			LC		留	古
221. 红喉歌鸲 *Calliope calliope*	二		LC		旅	
222. 白尾蓝地鸲 *Myiomela leucura*			LC		留	东

（续）

目、科、种	保护级别	CITES附录	中国红色名录	是否特有	居留类型	区系从属
223. 红胁蓝尾鸲 *Tarsiger cyanurus*			LC		冬	
224. 小燕尾 *Enicurus scouleri*			LC		留	古
225. 灰背燕尾 *Enicurus schistaceus*			LC		留	东
226. 白额燕尾 *Enicurus leschenaulti*			LC		留	东
227. 紫啸鸫 *Myophonus caeruleus*			LC		留	东
228. 橙胸姬鹟 *Ficedula strophiata*			LC		夏	东
229. 红喉姬鹟 *Ficedula albicilla*			LC		旅	
230. 小斑姬鹟 *Ficedula westermanni*			LC		夏	东
231. 灰蓝姬鹟 *Ficedula tricolor*			LC		夏	广
232. 北红尾鸲 *Phoenicurus auroreus*			LC		留	古
233. 蓝额红尾鸲 *Phoenicuropsis frontalis*			LC		留	古
234. 红尾水鸲 *Rhyacornis fuliginosa*			LC		留	广
235. 白顶溪鸲 *Chaimarrornis leucocephalus*			LC		留	古
236. 蓝矶鸫 *Monticola solitarius*			LC		留	古
237. 栗腹矶鸫 *Monticola rufiventris*			LC		留	古
238. 黑喉石䳭 *Saxicola maurus*			LC		留	古
239. 灰林䳭 *Saxicola ferreus*			LC		留	东
（五十三）啄花鸟科 Dicaeidae						
240. 红胸啄花鸟 *Dicaeum ignipectus*			LC		留	东
（五十四）花蜜鸟科 Nectariniidae						
241. 蓝喉太阳鸟 *Aethopyga gouldiae*			LC		留	东
242. 叉尾太阳鸟 *Aethopyga christinae*			LC		留	东
（五十五）岩鹨科 Prunellidae						
243. 棕胸岩鹨 *Prunella strophiata*			LC		留	广
（五十六）梅花雀科 Estrildidae						
244. 白腰文鸟 *Lonchura striata*			LC		留	东
（五十七）雀科 Passeridae						
245. 山麻雀 *Passer cinnamomeus*			LC		留	东
246. 麻雀 *Passer montanus*			LC		留	广
（五十八）鹡鸰科 Motacillidae						
247. 山鹡鸰 *Dendronanthus indicus*			LC		夏	古
248. 树鹨 *Anthus hodgsoni*			LC		旅或冬	
249. 粉红胸鹨 *Anthus roseatus*			LC		留或冬	古

(续)

目、科、种	保护级别	CITES 附录	中国红色名录	是否特有	居留类型	区系从属
250. 黄腹鹨 *Anthus rubescens*			LC		冬或旅	
251. 黄鹡鸰 *Motacilla tschutschensis*			LC		旅	
252. 灰鹡鸰 *Motacilla cinerea*			LC		留	古
253. 黄头鹡鸰 *Motacilla citreola*			LC		旅	
254. 白鹡鸰 *Motacilla alba*			LC		留	东
(五十九) 燕雀科 Fringillidae						
255. 燕雀 *Fringilla montifringilla*			LC		旅或冬	
256. 黑尾蜡嘴雀 *Eophona migratoria*			LC		留	广
257. 普通朱雀 *Carpodacus erythrinus*			LC		留	古
258. 酒红朱雀 *Carpodacus vinaceus*			LC		留	古
259. 褐灰雀 *Pyrrhula nipalensis*			LC		留	广
260. 金翅雀 *Chloris sinica*			LC		留	广
261. 黑头金翅雀 *Chloris ambigua*			LC		留	东
262. 红交嘴雀 *Loxia curvirostra*	二		LC		留	广
(六十) 鹀科 Emberizidae						
263. 栗耳鹀 *Emberiza fucata*			LC		夏	广
264. 三道眉草鹀 *Emberiza cioides*			LC		留	古
265. 西南灰眉岩鹀 *Emberiza yunnanensis*			LC	√	留	东
266. 黄喉鹀 *Emberiza elegans*			LC		留	古
267. 蓝鹀 *Emberiza siemsseni*	二		LC	√	冬	
268. 小鹀 *Emberiza pusilla*			LC		冬	
269. 灰头鹀 *Emberiza spodocephala*			LC		留	古
270. 白眉鹀 *Emberiza tristrami*			NT		冬	

注 保护级别：一. 国家一级保护野生动物，二. 国家二级保护野生动物。

CITES 附录：《濒危野生动植物种国际贸易公约（2023年版）》附录。

中国红色名录：《中国生物多样性红色名录——脊椎动物 第二卷 鸟类》，EN. 濒危，VU. 易危，NT. 近危，LC. 无危。

是否特有：√. 中国特有种。

居留类型：留. 留鸟，夏. 夏候鸟，冬. 冬候鸟，旅. 旅鸟。

区系从属：东. 东洋种，古. 古北种，广. 广布种。

中文名索引

A

暗灰鹃鵙	122
暗绿柳莺	174
暗绿绣眼鸟	196

B

八哥	219
八声杜鹃	40
白斑尾柳莺	179
白顶溪鸲	257
白额燕尾	248
白腹鸫	229
白腹短翅鸲	242
白腹凤鹛	116
白腹蓝鹟	239
白腹隼雕	81
白骨顶	52
白冠长尾雉	08
白喉林鹟	237
白鹡鸰	276
白颊噪鹛	207
白颈长尾雉	09
白颈鸦	137
白眶鹟莺	169
白领凤鹛	192
白鹭	60
白眉鸫	292
白头鹎	159
白尾蓝地鸲	244
白鹇	12
白胸苦恶鸟	50
白眼潜鸭	18
白腰草鹬	66
白腰文鸟	266
白腰雨燕	33
斑鸫	230
斑姬啄木鸟	103
斑头鸺鹠	70
斑胸短翅蝗莺	150
斑胸钩嘴鹛	198
宝兴歌鸫	231
北红尾鸲	254
北灰鹟	234
比氏鹟莺	171

C

苍鹭	58
叉尾太阳鸟	264
长尾山椒鸟	121
橙头地鸫	221
橙胸姬鹟	250
池鹭	56
赤腹鹰	83
赤颈鸭	20
赤麻鸭	15
纯色山鹪莺	146
翠金鹃	39

D

达乌里寒鸦	136
大白鹭	59
大斑啄木鸟	108
大杜鹃	45
大拟啄木鸟	101
大山雀	142
大鹰鹃	42
大嘴乌鸦	138
戴胜	94

淡绿鹀鹛	118
淡尾鹟莺	172
点胸鸦雀	191
短耳鸮	73
短嘴金丝燕	32
短嘴山椒鸟	120
钝翅苇莺	147

E

峨眉柳莺	175
峨眉鹟莺	173
鹗	77

F

发冠卷尾	125
方尾鹟	139
粉红胸鹨	271
凤头蜂鹰	78
凤头鹰	82

G

高山短翅蝗莺	151
冠鱼狗	98

H

褐翅鸦鹃	36
褐顶雀鹛	202
褐河乌	218
褐灰雀	281
褐柳莺	167
褐头鸫	228
褐胁雀鹛	201
褐胸噪鹛	205
黑短脚鹎	162
黑冠鹃隼	79
黑喉石鵖	260
黑卷尾	123
黑颏凤鹛	194
黑脸噪鹛	208

黑领噪鹛	209
黑眉柳莺	177
黑眉拟啄木鸟	102
黑水鸡	51
黑头金翅雀	283
黑头奇鹛	216
黑尾蜡嘴雀	278
黑胸鸫	224
黑鸢	88
黑枕黄鹂	115
红翅凤头鹃	37
红翅鵙鹛	117
红翅绿鸠	29
红腹角雉	07
红腹锦鸡	10
红喉歌鸲	243
红喉姬鹟	251
红交嘴雀	284
红角鸮	72
红脚隼	111
红隼	110
红头长尾山雀	184
红头穗鹛	200
红头咬鹃	92
红尾伯劳	129
红尾水鸲	256
红尾噪鹛	212
红胁蓝尾鸲	245
红胁绣眼鸟	195
红胸田鸡	49
红胸啄花鸟	262
红嘴蓝鹊	133
红嘴鸥	67
红嘴相思鸟	215
虎纹伯劳	127
华西柳莺	166
画眉	204
环颈雉	11
黄腹鹨	272

黄腹山雀	141	家燕	154
黄腹树莺	183	金翅雀	282
黄喉鹀	288	金眶鸻	63
黄鹡鸰	273	金色鸦雀	189
黄眉林雀	140	金胸雀鹛	185
黄眉柳莺	163	金腰燕	156
黄头鹡鸰	275	酒红朱雀	280
黄腿渔鸮	75		
黄臀鹎	158	**L**	
黄腰柳莺	164	蓝翅希鹛	214
黄嘴栗啄木鸟	104	蓝额红尾鸲	255
灰背伯劳	131	蓝翡翠	99
灰背鸫	223	蓝歌鸲	240
灰背燕尾	247	蓝喉太阳鸟	263
灰翅鸫	225	蓝矶鸫	258
灰翅噪鹛	206	蓝鹀	289
灰腹绣眼鸟	197	栗背短脚鹎	161
灰冠鹟莺	170	栗耳鹀	285
灰喉山椒鸟	119	栗腹矶鸫	259
灰喉鸦雀	188	栗颈凤鹛	193
灰鹡鸰	274	栗头鹟莺	176
灰卷尾	124	栗苇鳽	54
灰眶雀鹛	203	栗啄木鸟	105
灰蓝姬鹟	253	领角鸮	71
灰脸鵟鹰	89	领雀嘴鹎	157
灰林鵖	261	领鸺鹠	69
灰林鸮	74	罗纹鸭	19
灰树鹊	134	绿背山雀	143
灰头鸫	227	绿翅短脚鹎	160
灰头绿啄木鸟	106	绿翅鸭	23
灰头麦鸡	62	绿头鸭	21
灰头雀鹛	186		
灰头鹀	291	**M**	
灰头鸦雀	190	麻雀	268
灰胸竹鸡	13	矛纹草鹛	210
火尾希鹛	213	棉凫	16
J		**N**	
矶鹬	65	牛背鹭	57

牛头伯劳 …… 128

P
普通鸬 …… 217
普通翠鸟 …… 97
普通鵟 …… 90
普通夜鹰 …… 31
普通朱雀 …… 279

Q
强脚树莺 …… 182
丘鹬 …… 64
雀鹰 …… 86
鹊鸲 …… 232
鹊鹞 …… 87

R
日本松雀鹰 …… 84

S
三宝鸟 …… 96
三道眉草鹀 …… 286
山斑鸠 …… 27
山鹡鸰 …… 269
山鹪莺 …… 145
山麻雀 …… 267
蛇雕 …… 80
寿带 …… 126
树鹨 …… 270
丝光椋鸟 …… 220
四川短翅蝗莺 …… 152
四声杜鹃 …… 44
松雀鹰 …… 85
松鸦 …… 132

T
铜蓝鹟 …… 241

W
乌鸫 …… 226
乌鹃 …… 41
乌鹟 …… 233

X
西南冠纹柳莺 …… 178
西南灰眉岩鹀 …… 287
喜鹊 …… 135
小白腰雨燕 …… 34
小斑姬鹟 …… 252
小杜鹃 …… 47
小虎斑地鸫 …… 222
小鳞胸鹪鹛 …… 148
小䴙䴘 …… 25
小鸦 …… 290
小燕尾 …… 246
小云雀 …… 144
星头啄木鸟 …… 107

Y
崖沙燕 …… 153
烟腹毛脚燕 …… 155
燕雀 …… 277
燕隼 …… 112
夜鹭 …… 55
游隼 …… 113
鸳鸯 …… 17
远东树莺 …… 181

Z
噪鹃 …… 38
针尾鸭 …… 22
中杜鹃 …… 46
中华仙鹟 …… 236
珠颈斑鸠 …… 28
紫啸鸫 …… 249
棕背伯劳 …… 130

棕腹大仙鹟·················238	棕眉柳莺·················165
棕腹柳莺·················168	棕头鸦雀·················187
棕腹鹰鹃··················43	棕尾褐鹟·················235
棕褐短翅蝗莺·············149	棕胸岩鹨·················265
棕颈钩嘴鹛···············199	棕噪鹛···················211
棕脸鹟莺·················180	

英文名索引

A

Alpine Leaf Warbler ········166
Alström's Warbler ········172
Ashy Drongo ········124
Ashy-throated Parrotbill ········188
Asian Barred Owlet ········70
Asian Brown Flycacher ········234
Asian Emerald Cuckoo ········39
Asian House Martin ········155
Asian Pygmy Goose ········16

B

Barn Swallow ········154
Bay Woodpecker ········104
Besra ········85
Bianchi's Warbler ········171
Black Baza ········79
Black Bulbul ········162
Black Drongo ········123
Black Kite ········88
Black-breasted Thrush ········224
Black-capped Kingfisher ········99
Black-chinned Yuhina ········194
Black-crowned Night Heron ········55
Black-faced Bunting ········291
Black-headed Greenfinch ········283
Black-headed Gull ········67
Black-naped Oriole ········115
Black-streaked Scimitar Babbler ········198
Black-throated Tit ········184
Black-winged Cuckooshrike ········122
Blue Rock Thrush ········258
Blue Whistling Thrush ········249

Blue-and-white Flycatcher ········239
Blue-fronted Redstart ········255
Blue-winged Minla ········214
Blunt-winged Warbler ········147
Blyth's Leaf Warbler ········178
Blyth's Shrike Babbler ········117
Bonelli's Eagle ········81
Brambling ········277
Brown Bullfinch ········281
Brown Bush Warbler ········149
Brown Dipper ········218
Brown Shrike ········129
Brown-breasted Bulbul ········158
Brown-chested Jungle Flycatcher ········237
Brownish-flanked Bush Warbler ········182
Buff-bellied Pipit ········272
Buff-throated Warbler ········168
Buffy Laughingthrush ········211
Bull-headed Shrike ········128

C

Cattle Egret ········57
Chestnut Bulbul ········161
Chestnut Thrush ········227
Chestnut-bellied Rock Thrush ········259
Chestnut-crowned Warbler ········176
Chestnut-eared Bunting ········285
Chestnut-flanked White-eye ········195
Chinese Babax ········210
Chinese Bamboo Partridge ········13
Chinese Barbet ········102
Chinese Blackbird ········226
Chinese Blue Flycatcher ········236

Chinese Goshawk	83	Elliot's Pheasant	09
Chinese Grosbeak	278	Emei Leaf Warbler	175
Chinese Hwamei	204	Eurasian Hoopoe	94
Chinese Paradise Flycatcher	126	Eurasian Jay	132
Chinese Pond Heron	56	Eurasian Kestrel	110
Chinese Thrush	231	Eurasian Nuthatch	217
Cinnamon Bittern	54	Eurasian Sparrow Hawk	86
Citrine Wagtail	275	Eurasian Tree Sparrow	268
Collared Crow	137	Eurasian Wigeon	20
Collared Finchbill	157	Eurasian Woodcock	64
Collared Owlet	69		
Collared Scops Owl	71	**F**	
Common Coot	52	Falcated Duck	19
Common Cuckoo	45	Ferruginous Duck	18
Common Kingfisher	97	Ferruginous Flycatcher	235
Common Koel	38	Fire-breasted Flowerpecker	262
Common Moorhen	51	Forest Wagtail	269
Common Pheasant	11	Fork-tailed Sunbird	264
Common Rosefinch	279	Fork-tailed Swift	33
Common Sandpiper	65	Fujian Niltava	238
Crested Goshawk	82		
Crested Myna	219	**G**	
Crested Serpent Eagle	80	Golden Parrotbill	189
		Golden Pheasant	10
D		Golden-breasted Fulvetta	185
Dark-backed Sibia	216	Gray Treepie	134
Dark-sided Flycatcher	233	Gray Wagtail	274
Daurian Jackdaw	136	Great Barbet	101
Daurian Redstart	254	Great Egret	59
David's Fulvetta	203	Great Spotted Woodpecker	108
Drongo Cuckoo	41	Great Tit	142
Dusky Fulvetta	202	Greater Coucal	36
Dusky Thrush	230	Greater Necklaced Laughingthush	209
Dusky Warblerr	167	Green Sandpiper	66
		Green Shrike Babbler	118
E		Green-backed Tit	143
Eastern Buzzard	90	Greenish Warbler	174
Eastern Red-footed Falcon	111	Green-winged teal	23
Eastern Yellow Wagtail	273	Grey Bushchat	261

Grey Heron · 58
Grey Laughingthrush ·205
Grey Nightjar · 31
Grey-backed Shrike ·131
Grey-backed Thrush ·223
Grey-capped Woodpecker ·107
Grey-chinned Minnvet ·119
Grey-crowned Warbler ·170
Grey-faced Buzzard · 89
Grey-faced Woodpecker ·106
Grey-Headed Canary-flycatcher ·139
Grey-headed Lapwing · 62
Grey-headed Parrotbill ·190
Grey-hooded Fulvetta ·186
Grey-sided Thrush ·228
Grey-winged Blackbird ·225

H
Hair-crested Drongo · 125
Himalayan Cuckoo · 46
Himalayan Owl · 74
Himalayan Swiftlet · 32
Hobby ·112
House Swift · 34

I
Indian Cuckoo · 44
Indochinese Yuhina ·193

J
Japanese Sparrow Hawk · 84

K
Kloss's Leaf Warbler ·179

L
Large Hawk Cuckoo · 42
Large-billed Crow ·138
Lesser Cuckoo · 47

Light-vented Bulbul ·159
Little Bunting ·290
Little Egret · 60
Little Forktail ·246
Little Grebe · 25
Little Pied Flycatcher ·252
Little Ringed Plover · 63
Long-tailed Minivet ·121
Long-tailed shrike ·130

M
Mallard · 21
Manchurian Bush Warbler ·181
Mandarin Duck · 17
Martens's Warbler ·173
Masked Laughingthrush ·208
Meadow Bunting ·286
Mountain Bulbul ·160
Moustached Laughingthrush ·206
Mrs. Gould's Sunbird ·263

N
Northern Pintail · 22

O
Olive-backed Pipit ·270
Orange-flanked Bush-robin ·245
Orange-headed Thrush ·221
Oriental Dollarbird · 96
Oriental Dollarbird · 98
Oriental Greenfinch ·282
Oriental Honey Buzzard · 78
Oriental Magpie ·135
Oriental Magpie-Robin ·232
Oriental Scops Owl · 72
Oriental Skylark ·144
Oriental Turtle Dove · 27
Oriental White-eye ·197
Osprey · 77

P

Pale Thrush ···229
Pallas's Leaf Warbler ·····························164
Peregrine Falcon ·····································113
Pied Harrier ··· 87
Plain Prinia ···146
Plaintive Cuckoo ······································ 40
Plumbeous Water Redstart ····················256
Pygmy Cupwing ·····································148

R

Red Crossbill ··284
Red-billed Bule Magpie ·························133
Red-billed Leiothrix ·······························215
Red-billed Starling ·································220
Red-headed Trogon ································· 92
Red-rumped Swallow ·····························156
Red-tailed Laughingthrush·····················212
Red-tailed Minla ····································213
Red-winged Crested Cuckoo ·················· 37
Reeves's Pheasant ··································· 08
Rosy Pipit ···271
Ruddy Shelduck ······································ 15
Ruddy-breasted Crake ···························· 49
Rufous Woodpecker ································105
Rufous-breasted Accentor ·····················265
Rufous-capped Babbler ·························200
Rufous-faced Warbler ···························180
Rufous-gorgeted Flycatcher ··················250
Russet Bush Warbler ·····························151
Russet Sparrow ······································267
Rusth-capped Fulvetta ···························201

S

Sand Martin···153
Scaly Thrush ···222
Short-billed Minivet ·······························120
Short-eared Owl ······································ 73
Siberian Blue Robin ·······························240

Siberian Rubythroat ·······························243
Siberian Stonechat ·································260
Sichuan Bush Warbler ···························152
Silver Pheasant ·· 12
Slaty Bunting ··289
Slaty-backed Forktail·····························247
Slaty-blue Flycatcher ····························253
Southern Rock Bunting ·························287
Speckled Piculet ·····································103
Spot-breasted Parrotbill ························191
Spotted Bush Warbler ····························150
Spotted Dove ·· 28
Streak-breasted Scimitar Babbler ·········199
Striated Prinia ··145
Sulphur-breasted Warbler ·····················177
Swinhoe's White-eye·······························196

T

Taiga Flycatcher ····································251
Tawny Fish Owl ······································· 75
Temminck's Tragopan ···························· 07
Tiger Shrike ··127
Tristram's Bunting ·································292

V

Verditer Flycatcher ································241
Vinaceous Rosefinch ······························280
Vinous-throated Parrotbill ····················187

W

Whistling Hawk Cuckoo ························· 43
White Wagtail ···276
White-bellied Green Pigeon ···················· 29
White-bellied Redstart ···························242
White-bellied Yuhina ·····························116
White-breasted Waterhen ······················· 50
White-browed Laughingthrush ··············207
White-capped Water-redstart················257
White-collared Yuhina.···························192

White-crowned Forktail ·················248
White-rumped Munia ·················266
White-spectacled Warbler ·················169
White-tailed Robin·················244

Y
Yellow-bellied Bush Warbler·················183

Yellow-bellied Tit·················141
Yellow-browed Tit·················140
Yellow-browed Warbler·················163
Yellow-streaked Warbler·················165
Yellow-throated Bunting·················288

学名索引

A

Abroscopus albogularis 180
Accipiter gularis 84
Accipiter nisus 86
Accipiter soloensis 83
Accipiter trivirgatus 82
Accipiter virgatus 85
Acridotheres cristatellus 219
Acrocephalus concinens 147
Actinodura cyanouroptera 214
Actitis hypoleucos 65
Aegithalos concinnus 184
Aerodramus brevirostris 32
Aethopyga christinae 264
Aethopyga gouldiae 263
Aix galericulata 17
Alauda gulgula 144
Alcedo atthis 97
Alcippe davidi 203
Amaurornis phoenicurus 50
Anas acuta 22
Anas crecca 23
Anas platyrhynchos 21
Anthus hodgsoni 270
Anthus roseatus 271
Anthus rubescens 272
Apus nipalensis 34
Apus pacificus 33
Aquila fasciata 81
Ardea alba 59
Ardea cinerea 58
Ardeola bacchus 56
Asio flammeus 73
Aviceda leuphotes 79
Aythya nyroca 18

B

Bambusicola thoracicus 13
Blythipicus pyrrhotis 104
Bubulcus coromandus 57
Butastur indicus 89
Buteo japonicus 90

C

Cacomantis merulinus 40
Calliope calliope 243
Caprimulgus indicus 31
Carpodacus erythrinus 279
Carpodacus vinaceus 280
Cecropis daurica 156
Centropus sinensis 36
Charadrius dubius 63
Chloris ambigua 283
Chloris sinica 282
Chroicocephalus ridibundus 67
Chrysococcyx maculatus 39
Chrysolophus pictus 10
Cinclus pallasii 218
Circus melanoleucos 87
Clamator coromandus 37
Copsychus saularis 232
Corvus dauuricus 136
Corvus macrorhynchos 138
Corvus pectoralis 137
Cuculus canorus 45
Cuculus micropterus 44

Cuculus poliocephalus	47	**F**	
Cuculus saturatus	46	*Falco amurensis*	111
Culicicapa ceylonensis	139	*Falco peregrinus*	113
Cyanoderma ruficeps	200	*Falco subbuteo*	112
Cyanoptila cyanomelana	239	*Falco tinnunculus*	110
Cyornis brunneatus	237	*Ficedula albicilla*	251
Cyornis glaucicomans	236	*Ficedula strophiata*	250
		Ficedula tricolor	253
D		*Ficedula westermanni*	252
Delichon dasypus	155	*Fringilla montifringilla*	277
Dendrocitta formosae	134	*Fulica atra*	52
Dendrocopos canicapillus	107	*Fulvetta cinereiceps*	186
Dendrocopos major	108		
Dendronanthus indicus	269	**G**	
Dicaeum ignipectus	262	*Gallinula chloropus*	51
Dicrurus hottentottus	125	*Garrulax canorus*	204
Dicrurus leucophaeus	124	*Garrulax maesi*	205
Dicrurus macrocercus	123	*Garrulus glandarius*	132
		Geokichla citrina	221
E		*Glaucidium brodiei*	69
Egretta garzetta	60	*Glaucidium cuculoides*	70
Emberiza cioides	286		
Emberiza elegans	288	**H**	
Emberiza fucata	285	*Halcyon pileata*	99
Emberiza pusilla	290	*Harpactes erythrocephalus*	92
Emberiza siemsseni	289	*Hemixos castanonotus*	161
Emberiza spodocephala	291	*Heterophasia desgodinsi*	216
Emberiza tristrami	292	*Hierococcyx nisicolor*	43
Emberiza yunnanensis	287	*Hierococcyx sparverioides*	42
Enicurus leschenaulti	248	*Hirundo rustica*	154
Enicurus schistaceus	247	*Horornis acanthizoides*	183
Enicurus scouleri	246	*Horornis canturians*	181
Eophona migratoria	278	*Horornis fortipes*	182
Erpornis zantholeuca	116	*Hypsipetes leucocephalus*	162
Erythrogenys gravivox	198		
Eudynamys scolopacea	38	**I**	
Eumyias thalassinus	241	*Ianthocincla cineracea*	206
Eurystomus orientalis	96	*Ixobrychus cinnamomeus*	54

Ixos mcclellandii ······ 160

K

Ketupa flavipes ······ 75

L

Lalage melaschistos ······ 122
Lanius bucephalus ······ 128
Lanius cristatus ······ 129
Lanius schach ······ 130
Lanius tephronotus ······ 131
Lanius tigrinus ······ 127
Leiothrix lutea ······ 215
Lioparus chrysotis ······ 185
Locustella chengi ······ 152
Locustella luteoventris ······ 149
Locustella mandelli ······ 151
Locustella thoracica ······ 150
Lonchura striata ······ 266
Lophura nycthemera ······ 12
Loxia curvirostra ······ 284
Luscinia cyane ······ 240
Luscinia phaenicuroides ······ 242

M

Mareca falcata ······ 19
Mareca penelope ······ 20
Megaceryle lugubris ······ 98
Micropternus brachyurus ······ 105
Milvus migrans ······ 88
Minla ignotincta ······ 213
Monticola rufiventris ······ 259
Monticola solitarius ······ 258
Motacilla alba ······ 276
Motacilla cinerea ······ 274
Motacilla citreola ······ 275
Motacilla tschutschensis ······ 273
Muscicapa dauurica ······ 234
Muscicapa ferruginea ······ 235

Muscicapa sibirica ······ 233
Myiomela leucura ······ 244
Myophonus caeruleus ······ 249

N

Nettapus coromandelianus ······ 16
Niltava davidi ······ 238
Nycticorax nycticorax ······ 55

O

Oriolus chinensis ······ 115
Otus lettia ······ 71
Otus sunia ······ 72

P

Pandion haliaetus ······ 77
Paradoxornis guttaticollis ······ 191
Parayuhina diademata ······ 192
Pardaliparus venustulus ······ 141
Parus minor ······ 142
Parus monticolus ······ 143
Passer cinnamomeus ······ 267
Passer montanus ······ 268
Pericrocotus brevirostris ······ 120
Pericrocotus ethologus ······ 121
Pericrocotus solaris ······ 119
Pernis ptilorhyncus ······ 78
Phasianus colchicus ······ 11
Phoenicuropsis frontalis ······ 255
Phoenicurus auroreus ······ 254
Phoenicurus fuliginosus ······ 256
Phoenicurus leucocephalus ······ 257
Phylloscopus armandii ······ 165
Phylloscopus castaniceps ······ 176
Phylloscopus emeiensis ······ 175
Phylloscopus fuscatus ······ 167
Phylloscopus inornatus ······ 163
Phylloscopus intermedius ······ 169
Phylloscopus occisinensis ······ 166

Phylloscopus ogilviegranti	179
Phylloscopus omeiensis	173
Phylloscopus proregulus	164
Phylloscopus reguloides	178
Phylloscopus ricketti	177
Phylloscopus subaffinis	168
Phylloscopus tephrocephalus	172
Phylloscopus trochiloides	174
Phylloscopus valentini	171
Pica sericea	135
Picumnus innominatus	103
Picus canus	106
Pnoepyga pusilla	148
Pomatorhinus ruficollis	199
Prinia inornata	146
Prinia striata	145
Prunella strophiata	265
Psilopogon faber	102
Psilopogon virens	101
Psittiparus gularis	190
Pterorhinus berthemyi	211
Pterorhinus lanceolatus	210
Pterorhinus pectoralis	209
Pterorhinus perspicillatus	208
Pterorhinus sannio	207
Pteruthius aeralatus	117
Pteruthius xanthochlorus	118
Pycnonotus sinensis	159
Pycnonotus xanthorrhous	158
Pyrrhula nipalensis	281

R
Riparia riparia	153

S
Saxicola ferreus	261
Saxicola maurus	260
Schoeniparus brunneus	202
Schoeniparus dubius	201

Scolopax rusticola	64
Seicercus soror	170
Sinosuthora alphonsiana	188
Sinosuthora webbianus	187
Sitta europaea	217
Spilornis cheela	80
Spizixos semitorques	157
Spodiopsar sericeus	220
Staphida torqueola	193
Streptopelia chinensis	28
Streptopelia orientalis	27
Strix nivicolum	74
Surniculus lugubris	41
Suthora verreauxi	189
Sylviparus modestus	140
Syrmaticus ellioti	09
Syrmaticus reevesii	08

T
Tachybaptus ruficollis	25
Tadorna ferruginea	15
Tarsiger cyanurus	245
Terpsiphone incei	126
Tragopan temminckii	07
Treron sieboldii	29
Tringa ochropus	66
Trochalopteron milnei	212
Turdus boulboul	225
Turdus dissimilis	224
Turdus eunomus	230
Turdus feae	228
Turdus hortulorum	223
Turdus mandarinus	226
Turdus mupinensis	231
Turdus pallidus	229
Turdus rubrocanus	227

U
Upupa epops	94

Urocissa erythrorhyncha ·················· 133

V

Vanellus cinereus ······················ 62

Y

Yuhina nigrimenta ····················· 194

Z

Zoothera dauma ······················ 222
Zapornia fusca ······················· 49
Zosterops erythropleurus ················ 195
Zosterops palpebrosus ·················· 197
Zosterops simplex ···················· 196